解压全书

[美] 伊芙·亚当森◎著 陈卓 关凤霞◎译
(Eve Adamson)

The Everything Stress Management Book

Practical Ways to Relax, Be Healthy, and Maintain Your Sanity

图书在版编目（CIP）数据

解压全书 /（美）伊芙·亚当森（Eve Adamson）著；陈卓，关凤霞译 . -- 北京：机械工业出版社，2020.6（2023.7 重印）

书名原文：The Everything Stress Management Book: Practical Ways to Relax, Be Healthy, and Maintain Your Sanity

ISBN 978-7-111-65768-2

I. ①解… II. ①伊… ②陈… ③关… III. ①心理压力 - 心理调节 - 通俗读物 IV. ①B842.6-49

中国版本图书馆 CIP 数据核字（2020）第 094728 号

北京市版权局著作权合同登记　图字：01-2019-4115 号。

Eve Adamson. The Everything Stress Management Book: Practical Ways to Relax, Be Healthy, and Maintain Your Sanity.

Copyright © 2002, F+W Publications, Inc.

Simplified Chinese Translation Copyright © 2021 by China Machine Press.

Simplified Chinese translation rights arranged with F+W Publications, Inc through Bardon-Chinese Media Agency. This edition is authorized for sale in the Chinese mainland (excluding Hong Kong SAR, Macao SAR and Taiwan).

No part of this book may be reproduced or transmitted in any form or by any means, electronic or mechanical, including photocopying, recording or any information storage and retrieval system, without permission, in writing, from the publisher.

All rights reserved.

本书中文简体字版由 F+W Publications, Inc 通过 Bardon-Chinese Media Agency 授权机械工业出版社在中国大陆地区（不包括香港、澳门特别行政区及台湾地区）独家出版发行。未经出版者书面许可，不得以任何方式抄袭、复制或节录本书中的任何部分。

解压全书

出版发行：机械工业出版社（北京市西城区百万庄大街 22 号　邮政编码：100037）				
责任编辑：刘　静			责任校对：殷　虹	
印　　刷：北京铭成印刷有限公司			版　次：2023 年 7 月第 1 版第 6 次印刷	
开　　本：165mm×205mm　1/20			印　张：16 4/10	
书　　号：ISBN 978-7-111-65768-2			定　价：89.00 元	

客服电话：(010) 88361066　68326294

版权所有 • 侵权必究
封底无防伪标均为盗版

The Everything Stress Management Book

你感觉有压力吗？有很多人都跟你一样！压力已经成为现代社会的一种普遍问题。不过当你肌肉紧张、思绪万千、掌心冒汗、肠胃痉挛，无法集中精力去完成你的各种宏伟计划时，就算知道身边的每个人都跟你一样痛苦，对你也没有任何帮助。

你也清楚专家针对压力给出的各种建议：比如做个泡泡浴，可你没时间；那每周做个按摩吧，你又舍不得花钱；那就自己冥想吧，可你又不知道怎么做；那就保持健康的饮食和健身习惯，可是下班回家的路上要是不捎点吃的带回去，晚上一家子可能都得挨饿……那你还有希望吗？

当然有！你需要的不过就是一点压力管理的训练，而且你找对了地方——本书会帮你厘清所有零散的信息，告诉你什么是压力，压力对你的健康和幸福有什么影响，以及为什么你现在就得行动起来。你能在本书中找到许多通俗易懂的压力管理技巧，从正念训练到整理思绪，从简单的锻炼建议到掌控财务的方法。

本书中的一些小测试和小提示能够帮你探索容易让你产生和累积压力

的因素，以及面对压力时的反应倾向，并帮你制定个性化的方法来管理自己的压力。你可以利用模板和压力管理随笔，记录下自己的各种压力及运用不同压力管理策略的效果。

你可以自己管理压力，但没必要孤军奋战。只要有一点引导、鼓舞和帮助自己的承诺，你就能成为最好的自己，并且很快就能感觉到改善。所以放轻松，深吸一口气，把脚搭在桌子上，翻开本书，不给压力一丝机会。

The Everything Stress Management Book

前言

第一章
摘下压力的面具

什么是压力 /2

当生活发生变化时：急性压力 /4

当生活像坐过山车时：偶发性压力 /6

当生活不尽如人意时：慢性压力 /8

什么人有压力 /9

压力来自哪里 /11

何时会产生压力 /13

这究竟是为什么 /13

该如何摆脱压力呢 /15

第二章
压力对我做了些什么   17

身体的压力 / 18

大脑的压力 / 22

肠胃不适 / 23

心血管反应 / 23

压力过大导致的皮肤问题 / 24

慢性疼痛 / 25

压力和免疫系统 / 25

压力和疾病的联系 / 26

精神压力 / 26

心灵压力 / 28

第三章
压力和自尊   31

压力—自尊循环 / 32

通过消除过多的压力来建立自尊 / 33

建立自尊的策略：点 A 到点 B / 34

向自己承诺 / 43

第四章
你的压力画像 — 45

压力的多种面孔 / 46

压力承受极点 / 48

压力刺激点 / 49

压力敏感因素 / 50

压力反应倾向 / 50

个人压力测验 / 51

你的压力管理画像 / 77

第五章
压力管理策略组合 — 79

大局观：建立自己的压力管理策略组合 / 80

压力管理随笔 / 81

把压力随笔用起来 / 82

确定你的策略 / 84

勾勒出你的压力地图 / 94

建立你的压力管理目标 / 95

将压力管理计划付诸行动 / 95

保持压力管理 / 97

第六章
打造抗压的体魄

用睡眠赶走压力 / 100

压力管理策略：睡眠 / 103

压力管理策略：补水 / 106

改掉坏习惯 / 108

最坏的习惯 / 117

压力管理策略：改变坏习惯 / 118

习惯改正表：坏习惯总结 / 120

维生素和矿物质 / 122

用放松的方法来缓解压力 / 126

放松技巧 / 129

第七章
变得强壮，变得健康

不动就要失去健康 / 136

小测验：你的运动情况分析 / 139

锻炼对整个身体的影响 / 142

找到一个你能坚持的运动计划 / 144

举重！对，就是你 / 148

按摩疗法 / 150

脂肪背后的压力 / 153

一周饮食 / 155

第八章 给心灵减减压 161

压力对精神的负面影响 / 162

冥想：内心宁静 / 163

冥想为什么有用 / 164

如何冥想 / 167

冥想技巧 / 167

坚持冥想的建议 / 191

第九章 其他压力管理方法 193

调整心态 / 194

自生训练 / 196

阿育吠陀疗法 / 198

生物反馈：了解你自己 / 202

创造力疗法 / 202

梦境日志 / 205

花精疗法 / 207

朋友疗法 / 210

催眠：炒作还是帮助 / 211

乐观主义疗法 / 215

自我奖励疗法 / 218

第十章
减轻生活琐事带来的压力 — 221

金钱 / 222

零压力理财的五个黄金法则 / 232

时间管理 / 233

工作中的压力管理 / 236

给自己建一个避风港 / 242

第十一章
针对女性的减压方法 — 249

女性世界中的压力 / 250

女性压力管理不善综合征 / 250

雌激素的影响 / 252

压力和经前综合征哪个先来临 / 253

压力和生育能力 / 255

怀孕、生产和产后的压力 / 256

哦，宝贝 / 259

低压力的单亲家庭 / 261

压力和更年期 / 264

压力和老年女性 / 266

XI

第十二章 269
针对男性的减压方法

男性压力管理不善综合征 / 270

真正的男人也会有压力 / 270

睾丸素的影响 / 271

压力和生育能力 / 273

愤怒、抑郁和其他难以启齿的事 / 274

中年危机：迷思、现实还是压力的伪装 / 277

压力和老年男性 / 280

第十三章 283
从孩提到老者的压力管理

青少年的压力 / 284

给全年龄段孩子的减压建议 / 291

给孩子的压力管理七步骤 / 293

永远的压力管理 / 295

度假减压 / 301

生活压力管理 / 302

附录 A
压力管理工具参考指南 / 305

摘下压力的面具

如果你在上班路上与前面的车发生追尾事故,(哎呀!)一下子迟到了三个小时,结果被解雇了,(不要啊!)然后钱包又在坐公交车回家的路上被偷了,(呵呵,简直不能更倒霉了!)这时候你肯定会有压力。但若是你和一生挚爱订婚了呢?或是终于得到了你梦寐以求的职位?又或者得了花粉过敏,搬到新家,抑或收养了一条狗呢?再比如大学毕业,开始一项运动计划或是狂吃巧克力饼干……这些都会产生压力吗?肯定会。

什么是压力

吃几块巧克力饼干能有什么压力？如果你每天吃两块巧克力饼干作为均衡饮食的一部分，那就没什么好有压力的。但是如果你一个月都没吃甜品，然后一下子吃了一整袋的巧克力双层夹心饼干，那就会有很大的压力。你不太适应一下吃这么多饼干，你的身体也无法消化这么多糖分。这些会给你带来压力，虽然不像你的车被拖走或是你被调到西伯利亚工作那么严重，但压力还是会存在。

事　实

位于纽约州扬克斯的美国压力研究所（American Institute of Stress）的一项研究表明，43% 的成年人因为压力而遭受着健康问题的困扰；去看初级保健医生的所有病例中，75%～90% 的人是因为存在与压力相关的问题或障碍。

同样，任何与平常不一样的事情都会给你的身体带来压力。有些压力会让你感觉不错，甚至很棒。真要是一点压力都没有的话，生活反而会变得非常无聊。从定义上看，压力并不是坏事，但显然也不总是好事。事实上，如果压力过大或者持续时间过长，就会引发严重的健康问题。

然而，压力不只来自那些不同寻常的事，还可能秘密潜伏在生活当中。假设你无法忍受屈居于中层管理的位置，但又因为害怕自己创业而失去固定的工资，所以不得不每天上班呢？如果你和你的家人沟通很困难，或是你住在一个不安全的地区呢？也许一切看起来还可以，但你还是会非常不开心。甚至就算你已经习惯了生活中的某些东西，比如水池子里的脏盘子，家人不帮助你，每天要在办公室待 12 个小时，这些事情仍然会让你感到压力。哪怕是一些正常的事可能也会让你紧张。别人对你友善可能会让你觉得很可疑，或是家里太干净会让你觉得不舒服。你已经太习惯事事困难的状态，事情顺利时，反倒不知道该如何调整心态。压力是一种很奇怪的现象，总是因人而异。

除非你住在没有电视的山洞里（事实上，这不失为一种消除生活压力的好方法），否则你可能已经从媒体上、从工作休闲喝咖啡的闲聊中或是从报纸杂志上了解到一些和压力相关的信息。一般来说，压力是什么，对自己来说又意味着什么，大多数人都会有一个先入为主的想法。那压力对你来说是什么呢？

- 不适感？
- 疼痛？
- 担心？
- 焦虑？
- 刺激？
- 恐惧？
- 不确定感？

这些感受会给人们造成压力，其实它们中的大部分也是由压力衍生出来的。但压力本身是什么？压力这个词太宽泛了，有太多种不同的压力，影响方式也因人而异，以至于"压力"一词似乎无法定义。对一个人造成压力的事情可能对另一个人来说却是激励。所以压力到底是什么呢？

压力有几种不同的表现，有的更明显一些。有的压力是急性的，有的是偶发性的，有的则是慢性的。下面我们来仔细看看每种压力是什么样的，以及它是如何影响你的。

当生活发生变化时：急性压力

急性压力是最明显的压力类型，如果你把它和下面这个词联系起来，就很容易察觉到。

重点
急性压力 = 变化

对，这个词就是"变化"，也就是你不习惯的事物。它可以包含任何事，从改变饮食规律到改变锻炼习惯，从换工作到生活中的人员变动——无论是失去一些人还是认识新的人。

换句话说，急性压力会扰乱你的身体平衡。你已经从生理上、心理上、情感上习惯了事物以某种方式而存在，甚至身体内部环境的化学成分也保持着相对稳定的状态。你的生物钟会在固定的时间提醒你睡觉，你的精力也会在固定的时间发生起伏变化，你的血糖会根据你每天固定时间的饮食而改变。在你按照既有习惯顺利、正常地生活时，你的身心基本都能感知未来会发生什么。

提醒
下面这些都会给你的精神和身体带来压力：重病（无论是你还是你所爱的人）、离异、破产、加班过多、升职、失业、婚姻、大学毕业、中彩票。

当变化发生时，无论是生理变化（比如感冒或是扭伤脚踝）、化学变化（比如药物的副作用或是生育后的激素波动），还是情感变化（比如结婚，孩子离开家，或是所爱之人去世），都会打破原有的平衡。我们的生活改变了。我们的身体和精神都脱离了常规，此时我们就是在经历变化所带来的压力。

急性压力对我们的身体和精神有很大的影响，因为人是具有习惯性的生物。再随性、再不喜欢规划的人也有习惯。这里所说的习惯不仅仅指享受清晨的咖啡或是只睡床的某一边，还包括在我们身体中生理、化学和情感因素之间细微而复杂的相互作用。

比如，每周有五天你都是起床后去上班，早上6点起来，吞下一个面包圈和一杯咖啡，然后冲进地铁。每年你都会去度假一次，度假那两周你都会睡到上午11点，然后起床吃个超大份的早午餐。这也是压力，因为你改变了自己的习惯。你可能很享受，因为度假在某种程度上能够缓解日常睡眠缺乏所带来的慢性压力。但如果你突然改变睡眠时间，吃和往常不同的东西，你的生物钟将不得不重新调整，你血液中的化学成分也不得不重新调整。也许你刚调整好，就又得回归之前的生活习惯，每天不再吃美味的培根和芝士蛋饼，而是回归老一套的面包圈。

这并不是说你不该休假。你当然不需要回避所有的变化，没有变化的生活会少很多乐趣。人们渴望并且需要一些变化，因为变化会令生活激动人心，令人难忘。在到达某个临界点前，变化都是有趣的。

这就是棘手的地方：在变化对你产生消极影响前，你能承受多少变化？这完全因人而异。一定程度的压力是好事，但是压力太多就会有害健康，令人感到不安和失衡。没有任何一个公式能够计算出每个人能承受的"最大压力"，因为你能承受的急性压力水平很可能与你的朋友和家人完全不同（尽管低水平的抗压能力确实表现出了遗传性）。

提 醒

逼自己辛苦工作、熬夜太晚、吃得太多（或者太少）或是一直忧虑，这些不仅会给你的精神带来压力，也会给你的身体带来压力。很多医学专业人士认为，压力会诱发心脏病和癌症，还会提高意外发生的概率。

当生活像坐过山车时：偶发性压力

偶发性压力和急性压力有很多相似之处，也就是说，突然之间或者一段时间内生活发生很多变化。遭受偶发性压力的人看上去总是在痛苦中挣扎。他们往往极度情绪化，有时很紧张，经常烦躁，容易生气或者焦虑。

如果你曾经一周、一个月甚至一年都在遭受一个接一个的灾难，那么你就能够知道偶发性压力所带来的痛苦了。一开始，你的火炉坏了，然后支票被退回，接着你又收到了一张超速罚单，而你的一大家子亲戚决定要来你家住上四周，你的嫂子开车撞坏了你的车库，紧接着你又得了流感。对有些人来说，偶发性压力的"战线"拖得太长，以至于他们都习惯了，但是对另一些人来说，这种压力会来得非常明显。"哦，那个可怜的女人。她的运气太差了！""你听说杰瑞这次又经历了什么吗？"

就像急性压力一样，偶发性压力也可能有更正面积极的形式。比如在一年之中，先是经历热烈的追求，举行盛大的婚礼，然后在巴厘岛度蜜月，再置办新家，和新婚伴侣搬进新家，这一连串的事情压力多大啊！当然这很有趣，也很浪漫，甚至让人激动不已，但它仍是偶发性压力的一个很好的例子，只不过看起来比较正面积极，显得没那么大压力而已。

有时，偶发性压力会以更微妙的方式出现，比如"担忧"。担忧就好像在压力产生之前，甚至是在压力产生的可能性很小时就创造或改变了它（压力）。过度担忧会导致焦虑障碍，但就算担忧还没到导致焦虑障碍的程度，它还是会消耗身体的能量。

担忧不会解决问题。担忧通常只是思考那些几乎不可能发生的可怕事情，通过创造或想象打破生活平衡的变化，来将自己的身体置于压力之下，但那些变化实际上从未发生过！

你是一个自寻烦恼的人吗？下面有多少条描述符合你的情况？

- 你发现自己会担心那些几乎不可能发生的事，比如遭遇一次意外，或是患上一种根本没来由的病（就像伍迪·艾伦在电影《汉娜姐妹》中饰演的米基总是幻想自己得了脑瘤）。
- 你常常失眠，担心自己失去了所爱之人会怎样，或者担心所爱之人失去了自己又会怎样。
- 你难以入睡，因为晚上即使已经躺在床上，仍然无法缓解自己的担忧。
- 当电话铃响或是收到邮件的时候，你会立刻想象自己可能会收到什么坏消息。
- 你觉得自己不得不控制其他人的行为，因为你担心他们不能照顾自己。
- 你对任何可能给你和你身边的人带来伤害的行为都过分小心，即使风险很小（比如开车、坐飞机，或是去一个陌生的大城市）。

上述这些自寻烦恼的特征，就算只有一条是描述你的，你也可能是过度担忧了。如果这些描述中大部分甚至全部都适用于你，那么担忧可能正在对你产生特别消极的影响。担忧及其产生的焦虑可能会引发特定的生理、认知和情绪症状，从心悸、口干、换气过度、肌肉疼痛、疲劳，到恐惧、惊慌、愤怒和抑郁。担忧的确会造成压力。

> **重点**
> ESSENTIALS
> 和其他许多我们认为自己无法控制的行为一样，担忧大多是习惯问题。所以如何停止担忧呢？通过重新训练你的大脑！下次当你发现自己担忧时，立即动起来。当你的精力集中在健身视频上或是去公园跑步呼吸新鲜空气时，你就很难继续担忧了。

当生活不尽如人意时：慢性压力

慢性压力和急性压力有很大不同，尽管二者给人带来的长期影响基本差不多。慢性压力和变化没有什么关系。慢性压力是一种对身心或精神造成的长期且持续不断的压力。比如，在贫困中生活多年就是活在慢性压力中。患慢性疾病（比如关节炎、偏头痛或是其他造成持续疼痛的病症）的人也是如此。生活在一个不正常的家庭中或是做一份自己厌恶的工作同样是慢性压力的来源。慢性压力还来自深植于内心的自我厌恶感和自卑心理。

有些人的慢性压力比较明显。他们的生活条件很糟，或是不得不忍受可怕的虐待。他们或是被囚禁于监狱中，或是生活在战火纷飞的国家，又或是作为少数民族生活在少数民族受到歧视的地区。还有一些慢性压力没那么明显。比如看不上自己的工作，感觉自己永远也不可能完成梦想的人就生活在慢性压力中；觉得陷在一段糟糕关系中的人也是如此。

有时，慢性压力是由急性压力或偶发性压力导致的。比如，急性疾病可以发展成慢性疼痛；一个受虐待的孩子长大后可能会厌恶自己或是自卑。慢性压力的问题在于人们往往对此习以为常，以至于他们根本不会去想方设法摆脱这种境况。他们慢慢会认为生活本来就充满痛苦、压力或悲伤。

各种形式的压力都会导致疾病、抑郁、焦虑和崩溃，引发生理上、情感上、精神上和心灵上的恶性循环。压力太大会很危险，因为它会夺走生活中的乐趣，甚至可能导致死亡——可能诱发心脏病、暴力行为、自杀、中风或癌症（有相关研究证明）。

事　实

根据《时代》杂志2001年1月的一篇文章，科学家发现一个久坐不动的40岁女性如果开始每周4次，每次30分钟的快走运动，那么她罹患心脏病的风险将和一个终身保持规律锻炼的女性同样低。所以，从任何时候开始照顾自己都不算太晚！

什么人有压力

什么人会被这些压力影响？你？你的另一半？你的父母？你的祖父母？你的孩子？你的朋友？你的敌人？你的同事？同乘电梯的女人？公司的CEO？邮件收发室的人？

这些人都会有压力。

几乎所有人都经历过某种压力，很多人每天都在承受慢性压力或某些定期持续的压力。有些人在应对压力方面做得非常好，哪怕是极端压力也可以很好地处理。而有些人即使面对一些在外界看来微不足道的很小的压力都会崩溃。区别是什么呢？有些人可能确实学过一些较好的应对机制，但很多研究人员认为，压力承受水平是遗传的。有些人虽然承受很多压力仍然感觉很好，甚至会在压力下发挥出自己的最高水平。而有些人只有在压力非常小的情况下才能高效地工作。

诚然，我们都会偶尔承受一些压力，但在这个年头，越来越多的人时刻都在承受着压力的侵蚀，而且其影响也不仅限于个体。美国压力研究所表示：

- 据估计，平均每个工作日有 100 万人因为压力过大而缺勤。
- 几乎有一半的美国员工存在职业倦怠的症状，或者承受着工作相关的严重压力，直接影响或阻碍了工作的开展。
- 工作压力造成的旷工、生产力降低、员工流动以及直接的医疗、法律、保险费用，每年给美国行业造成 3000 亿美元的损失。
- 60%～80% 的工伤意外可能是压力造成的。
- 因工作压力而获得补偿的案件曾经很少见，但现在却很普遍。光是在加利福尼亚州，雇主就支付了近 10 亿美元用于与员工赔偿相关的医疗和法律费用。
- 关于工作压力的诉讼，10 例中有 9 例会成功，平均赔偿金比伤害赔偿金多出 4 倍以上。

对很多人来说，压力已经成了一种生活方式，但这并不意味着我们应该漠视和接受压力给我们身心带来的影响。你可能对其他人承受的压力无能为力（除非你是导致他们产生压力的原因），但你肯定能应对你自己生活中的压力（这也是不再向其他人施加压力的好方法）。

提 醒

慢性压力会欺骗我们的身体,让身体以为自己处于平衡状态中。即使有些事情已经成为你日常生活的一部分,你认为你的身体已经适应了,比如工作到很晚、吃垃圾食品或者睡眠不足,但是因为没有满足身体所需而产生的压力最终还是会找上你。

压力来自哪里

压力可以源于内部,它取决于你对事件的感知而非事件本身。工作调动对一个人来说可能是恐怖的压力,而对另一个人来说则是绝妙的机会。很多压力都取决于态度。

就算压力百分之百来源于外部,比如你所有的钱都被挪用了,压力也会给你的身体带来一系列影响。具体来说,各种形式的压力会干扰你体内三种激素的产生,而这些激素是保证你身心平衡和"正常"的重要因素。

1. 血清素是一种能帮你睡个好觉的激素。血清素由大脑深处的松果体分泌,通过在 24 小时之内与褪黑素进行相互转化来控制你的生物钟。这个过程会调节你的精力、体温和睡眠周期。血清素的周期与太阳的周期同步,会根据光亮和黑暗的转变来调节分泌,这就是为什么那些生活在北方高寒地区极少暴露在阳光下的人,在漫长而黑暗的冬天会有季节性抑郁——他们的血清素出现分泌紊乱。压力也会导致血清素分泌紊乱,后果之一就是没法睡好觉。处在压力中的人通常会经历睡眠周期紊乱,往往会表现为失眠,或是因为睡眠质量差而过度需要睡眠。

2. 去甲肾上腺素是肾上腺分泌的一种激素,与身体在压力下释放的肾上腺素有关，这种肾上腺素能让你获得额外的生存机会㊀。去甲肾上腺素和你每天的能量循环有关。压力太大会扰乱你体内去甲肾上腺素的分泌，让你感觉极其缺乏精力，没有动力做任何事。这种感觉就像你有一大堆必须要做的事情，但你根本不想动，只想坐着看电视。如果你的去甲肾上腺素分泌紊乱，那么你可能会一直坐在那里看电视，根本没有精力完成任何事。

3. 多巴胺是一种与大脑内啡肽分泌有关的激素。内啡肽有助于消除痛感。从化学角度来说，内啡肽和吗啡、海洛因等阿片类物质有关，在你受伤时，你的身体会释放出内啡肽来帮你维持机能。当压力影响身体分泌多巴胺时，它也会影响内啡肽的分泌，所以你会对疼痛更加敏感。当你做自己喜欢的事情时，多巴胺会让你产生愉快的感觉，还会让你感受到生活的愉悦。但是，如果有太多压力，多巴胺分泌减少，那么一切都会显得毫无乐趣可言，你会感到无聊、感到压抑。

重 点

压力会扰乱体内血清素、去甲肾上腺素和多巴胺的分泌。当这些紊乱造成抑郁时，医生可能会开出抗抑郁药。许多抗抑郁药是专门通过调节这三种激素来重建体内平衡的。如果压力管理技巧对你没有效果，那么你可能需要药物调节，所以请去看医生。

正如你所见，压力既来自内部也来自外部。你对事件的感知及其对身心的影响（比如健康习惯）会造成体内化学物质的改变。任何质疑身心联结的人只需要看看人在紧张和担忧时的状态如何，就会相信一切都是相互

㊀ 当人经历某些刺激（例如兴奋、恐惧、紧张等），分泌肾上腺素可以使心跳与呼吸加速，血流量加大，血糖升高，从而增强力量，提高反应速度。肾上腺素也可以用于拯救心脏骤停和过敏性休克的病人。——译者注

关联的。(这也预示着关于压力你可以做出改变!)

何时会产生压力

压力的形式有很多,它随时都可能出现。当你经历人生中的重大变化时,比如当你搬家时,失去你所爱之人时,结婚,换工作,或是经济状况、饮食习惯、运动习惯或健康状况有重大改变时,压力会比较明显。

就算只是得了小感冒,和朋友吵架,开始减肥、健身,在外面待到很晚,喝太多酒,抑或是因为暴风雪和停课在家的孩子待一整天,压力都可能会产生。请你记住,压力往往是常态生活中的改变造成的。也可能是因为你的生活并不开心,如果你就是这样的,那你整个人生都会沉浸在压力中。你现在就需要进行压力管理!

事 实

美国人往往不会注意要好好照顾自己,导致压力缠身。将近5000万人吸烟,超过六成的人肥胖或超重,1/4 的人一点也不运动。位于美国佐治亚州的疾病控制与预防中心的数据显示,美国成人发病型糖尿病(2型)的发病率从 1990 年至今激增了 40%。

这究竟是为什么

为什么会有压力?它存在的意义是什么?压力是在内部和外部相互作

用的复杂过程中产生的，而根源却相对简单：生存本能。即使到今天，这也很重要！

生活充满了刺激，我们享受其中一部分而不享受另一部分。但我们的身体经过数百万年的生存学习，已经对极端的刺激形成应激反应。当你突然发现自己处于危险境地，迎面冲来一辆飞速行驶的车，失去平衡的你站在悬崖边缘摇摇欲坠，私下叫你的领导"老顽固"时，而他就站在你身后时，你的身体会立刻做出反应以确保生存。你可能会快速移动，可能会立刻跳回到安全地带，可能会飞速转动大脑，转变话锋逃过一劫。

无论是在热带草原上被饥饿的狮子追赶，还是在停车场被一个蛮横的汽车销售员堵截，你的身体都会发出警报，往你的血液中释放肾上腺素和皮质醇等压力激素。肾上腺素会产生科学家所说的"战斗或逃跑反应"（这会在下一章中进行讨论）。肾上腺素会给你额外的力量和精力，让你能够转过身与狮子正面搏斗（或者跟那个销售员直接对垒），前提是你觉得你会赢，或者它会助你开启地狱逃跑模式（逃离汽车销售员也不是不行）。

肾上腺素会提高你的心率和呼吸频率，会将血液直接输送到重要的器官以加速其运转，使肌肉反应更快，思考更迅速等。它还会使你的血液凝结得更快，让血液远离皮肤表层（就算你被狮子抓伤，你也不会失血过多）和你的消化道（所以你不会吐出来，但这并不总是有用）。皮质醇在你的体内循环让你能够持久地应对压力。

即使回到穴居人的时期，人们也不会总是被饥饿的狮子追赶（如果真是这样的话，他们真的应该考虑换一个洞穴）。这样极端的生理反应不会一直发生，在紧急或极端情况下（包括诸如参加演出或者在至交的婚礼上发表祝酒词等其他有趣但突然的场合），压力反应能让你思考得更快，反应更准确，做出更机智的回应，或是妙语连珠地讲一个足够吸引听众的笑话。

提 醒
如果你的生活和平常没有什么不同，但仍然感觉有压力，那很可能是因为缺乏睡眠。可能并不是你的血清素周期紊乱导致你"不能"入睡，而只是单纯因为你"不想"睡觉，想熬夜看电视。大多数人确实需要 7~8 个小时的睡眠来养神，以便泰然自若地处理日常压力。

可是，如果你的身体每天持续分泌肾上腺素和皮质醇，最终你会对那种亢奋的状态感到疲倦。准确地说，你会感觉筋疲力尽、浑身疼痛、注意力和记忆力减退、沮丧、易怒、失眠，甚至会变得暴力。你的身体可能会失去平衡，因为人不能一直处在压力当中。

如今生活的节奏非常快，科技让我们能在短时间内做许多事情，而人们什么都想要，所以就产生了压力。但太多的压力也会抵消这些科技的作用，如果你没有精力、动力、一直生病，就无法完成工作。

该如何摆脱压力呢

你可能觉得现在生活中的压力还没有那么大，你还没有到心脏病发作或抑郁的边缘……对吧？

但是如果你现在还不开始管理压力，那会发生什么呢？你要让压力影响你的生活质量多久呢，尤其在知道这完全没必要之后？这就是需要压力管理的时候，而压力管理正是本书的核心。

正因为各种形式的压力无处不在，所以压力管理技巧也是普遍适用的。你绝对可以管理甚至消除生活中的负面压力，你要做的就是找到最适合自己的压力管理技巧，并学会运用这些技巧来让自己的人生翻盘。

这便是本书的意义所在。本书会帮你理解各种形式的压力，这样你就能够根据自己的情况制订适合自己的压力管理计划。

第二章

压力对我做了些什么

我们可以用许多词语来描述压力的感觉：紧张、激动、兴奋——所有这些词汇都有种"提升"的感觉，因为压力反应确实是一种各方面反应得到"提升"和强化的体验——肌肉被调动起来准备采取行动，感觉得到加强，意识也更敏锐。这些感觉都是有益的，除非出现得太过频繁。持续的压力会给精神、身体和情绪健康套上沉重的负担，而你的健康和快乐则全靠你对压力做出的适当反应。

身体的压力

你能够控制一部分身体压力,比如你可以决定自己的食量和运动量。这些压力属于生理压力源的范畴。还有一些环境压力源,比如环境污染和物质成瘾。

1. 环境压力源。这是你直接接触的环境给身体的压力,包括空气污染、水污染、噪声污染、光污染、通风不良,或是生活中存在的一些过敏原,比如卧室窗外的豚草地⊖或喜欢睡在你枕头上的猫掉的毛。

2. 生理压力源。这是来自你体内的压力。比如,孕期、更年期或者经前综合征(PMS)导致的激素水平变化给生理系统带来的直接生理压力。激素变化还会造成情绪的变化,从而间接引起压力。此外,不良的健康习惯,比如吸烟、过量饮酒、吃垃圾食品、久坐不动,也会给身体带来生理压力。疾病也会带来压力,无论是普通感冒还是更严重的疾病,如心脏病或癌症。意外受伤,如摔断腿、扭伤脚踝和腰椎间盘突出,也会给你的身体带来压力。

提 醒

对压力最常见的一个反应就是强迫性暴食。应对暂时性癖好的最好办法是找到一个更健康的缓解压力的办法。你可能只需要喝一大杯水,散散步,或者是给朋友打个电话。记住一点,你能够掌控自己的生活。

⊖ 该草的花粉中含有水溶性蛋白质,与人接触后可迅速释放,是秋季花粉过敏症的致病原之一,易导致有害健康的"枯草热症"。

影响到身体的另一个重要但不那么直接的压力源就是你的思维方式。比如，在严重的交通堵塞中，空气污染可能会给你的身体带来直接压力，但也可能会给你带来间接压力——因为堵车让你特别生气，导致你的血压升高、肌肉紧绷、心跳加快。可是，如果你换个角度来看待堵车——比如把它作为上班前放松或是听听心仪音乐的好机会——如此你的身体可能根本感受不到任何压力。态度，再次发挥了重要作用。

另一个更微妙的间接压力的例子是疼痛。如果你的头疼很严重，你的身体可能不会直接感受到生理压力，但是你对疼痛的情感反应可能会给身体带来很大的压力。人们通常害怕疼痛，但是疼痛是让我们意识到身体出现问题的重要方式。有时候，我们已经知道哪里出问题了，比如偏头痛、关节疼痛、痛经或者是天气变化引起的膝盖疼痛，但这种"熟悉"的疼痛并不足以警醒我们马上去找医生检查身体。

虽然我们明确知道自己是哪里疼痛，我们还是会变得紧张。"哦不，不要再偏头痛了！不要是今天啊！"我们的情绪反应虽然不会造成疼痛，但确实会造成与疼痛相关的生理压力。疼痛本身并不会让人有压力，是我们对于疼痛的反应造成了压力。所以掌握压力管理的技巧或许并不能终止疼痛，但是可以终止与疼痛相关的生理压力。

E ESSENTIALS 重 点

用来帮助人们管理慢性疼痛的治疗法帮助病人明白了疼痛和大脑对于疼痛的负面解读之间的区别。长期饱受慢性疼痛折磨的人通过学习冥想技巧，可以了解和对抗大脑对于疼痛的解读所造成的痛苦。

当你的身体正在体验这种压力反应时，无论是由直接的还是间接的生理压力源引起的，身体都会经历某种非常特别的改变。在20世纪初期，美国生理学家沃尔特·坎农（Walter Cannon）提出用"战斗或逃跑"（fight or flight）这个短语来描述由压力引起的体内的生理变化，这种变化能让身体在遇到危险时做好准备，以便更加安全有效地逃跑或迎战。每当你感到压力时，体内都会发生这些改变，哪怕逃跑或迎战跟你的处境不搭边，或是对你没有用处（例如，你要做个演讲、参加考试、面对婆婆或岳母各种不请自来的建议，或战或逃都不是什么好办法）。

当你感受到压力时，体内会产生如下变化：

1. 你的大脑皮层给下丘脑发送警报信息，接着下丘脑会释放产生压力反应的化学物质。任何被大脑"感知"为压力的东西都会引起这种效果，无论你是否真的处于危险之中。

2. 你的下丘脑释放化学物质刺激你的交感神经系统，要它准备面对危险。

3. 你的神经系统做出提高心率、呼吸频率和血压的反应。一切机能都被"加强"了。

4. 你开始肌肉紧绷，准备行动。血液从你的手脚和消化系统流到了你的肌肉和大脑中，血糖也被运输到了最需要的地方。

5. 你的感官变得更敏锐。你能听得更清楚，看得更清楚，嗅觉、味觉也变得更敏感，甚至连你的触觉也更加灵敏。

这听起来好像是要去完成什么任务似的，不是吗？想想看一位热情高涨的主管，他的报告精准切题并且能对客户的每个问题都犀利、机智地进行回应，令客户惊叹；想想冠军争夺赛场上篮球运动员，他的每次投篮都命中得分；想想期末考试胜券在握的学生，每个答案都快速出现在脑海中，文思泉涌，写出一流的文章；想想自己在下一次办公室聚会上，聪明又风趣，说的每句话都能吸引大家的关注。如此说来，压力也可以很棒！难怪会让人"上瘾"呢！

> **重点**
>
> 你可以将放松与某个特定的暗示联系起来。首先找个舒适的环境，深呼吸，在你专注于放松的同时，大声地重复一个含有积极意义的词语或者声音，比如"爱"，象征太阳和能量的"黄色"，还有大喊"啊——"，这样持续一分钟。每天都说几遍，坚持一周。之后，只要感觉到压力开始上升，就试着说那个词。你自然就会感觉到身体放松了！

就像绝大多数事情一样，虽然适当的压力有好处，但压力过度就会产生危害。具体而言，压力过度可以引发全身各个系统的问题。有些问题是即时的，比如消化问题，或者心跳剧烈；而有些问题则是在你长期处于压力中时才有可能出现。有些不太好的压力症状直接与体内肾上腺素的增多有关，比如：

- 出汗
- 手脚冰冷
- 恶心、呕吐、腹泻
- 肌肉紧绷
- 口干
- 意识不清
- 紧张、焦虑
- 易怒、缺乏耐心
- 沮丧

- 恐慌
- 充满敌意、具有攻击性

压力的长期影响或许更难纠正，包括抑郁、厌食或暴食造成的体重骤变、小病不断、疼痛增多、性问题、疲倦、对社交活动失去兴趣、成瘾行为增多、慢性头痛、粉刺、慢性背痛、慢性胃痛，以及与哮喘、关节炎等疾病相关的症状恶化等。

大脑的压力

我们已经了解，压力可以触发下丘脑释放化学物质，让身体准备应对危险。但是在你承受的压力过多时，你的大脑里还发生了什么呢？一开始，你会思考得更清楚，反应也更快，但是到了压力承受极限时，你的大脑就开始工作失常。你会忘记事情、丢东西、无法集中注意力、丧失意志力，还会沉迷于某些坏习惯，比如饮酒、吸烟或是暴饮暴食。

事 实

很多人从四五十岁开始忘性大增，甚至害怕自己会患上阿尔茨海默病。其实变得健忘大多与压力有关。如果家中有青春期的孩子要管教，或是正在经历职业和人际关系改变，压力往往会达到峰值。

虽然压力反应产生的化学物质确实能让你的大脑反应变快、思路清晰，但这种化学物质的产生与体内其他物质的消耗直接相关，如果压力太大，你就会失去有效思考或迅速反应的能力。一开始，你不需要任何迟疑就能想到考试答案，但考了三个小时之后，你几乎连该用铅笔的哪头涂答题卡都不知道了。如果想要让大脑每天保持在最佳水平，那就不能让压力击垮你！

肠胃不适

当你的身体承受压力时，最先出现的一种反应就是血液从消化系统转移到大肌肉群上。肠胃可能会清空，让身体为快速行动做好准备。许多人在感到压力、焦虑和紧张时，也会出现胃痉挛、恶心、呕吐或是腹泻。（医生称之为"紧张的胃"，确实如此！）

长期处于偶发性压力或是慢性压力之中，身体就会出现一系列消化问题，比如肠易激综合征、结肠炎、胃溃疡、慢性腹泻等。

心血管反应

如果你有过紧张时心跳加快或是心律不齐的感觉，或是曾经喝过太多咖啡、可乐的话，那么你就可能了解心脏受压力影响时是什么样的感觉。但是压力对整个心血管系统的消极影响还远不止于此。一些科学家认为压力会诱发高血压，并且长久以来，人们都说那些紧张、焦虑、易怒或悲观的人会把自己逼出心脏病。实际上，容易感到压力的人患心脏病的概率确实更高。

压力还会引起一些不良的健康习惯，这也会间接导致心脏病。高脂、高糖、低纤维的饮食（如快餐、垃圾食品）会让血液中的脂肪含量增多，最终形成堵塞，极易引发心脏病，再加上缺乏锻炼，患心脏病的风险也会提高。这都是因为（日复一日）你的压力大到连吃个沙拉、散个步的心情都没有了！

提 醒

摄入太多饱和脂肪酸和精加工、低纤维的食物对健康有直接的影响。就好像被污染的溪流在污染停止后会自己净化，当你体内不再需要处理对身体有害的食物时，冠状动脉也会开始自我清理。

压力过大导致的皮肤问题

诸如痘痘这类的皮肤问题通常和激素波动有关，而且往往会因压力而恶化。许多女性会在每月经期前后的一段特定时间里长痘痘，而痘痘"爆发"则会让人非常绝望。压力会使这些皮肤问题持续得更久，由于压力过大而受损的免疫系统也会需要更长的时间来对这些皮肤问题进行修复。

男人也不能幸免。压力引发的化学物质失衡会导致成年男性长痘痘或痘痘问题加重。身处青春期的青少年激素波动会更剧烈，所以本来就容易长痘痘。但如果青少年压力过大，痘痘问题就会更难以控制。还记得在第一次约会前突然冒出来的青春痘吗？这并不是偶然，很可能是压力造成的。

长期压力会导致慢性粉刺，还会引发牛皮癣、荨麻疹或其他形式的皮肤问题。

慢性疼痛

免疫系统受损和对疼痛的敏感性增加，还会使一些健康问题恶化，比如慢性疼痛。当身体处于压力之中时，偏头痛、关节炎、纤维肌痛、多发性硬化症、退行性骨关节病以及旧伤情况都会更糟。压力管理的技巧以及疼痛管理的技巧能够帮助你减轻慢性疼痛，进而应对疼痛，让疼痛不再造成更多压力。

压力和免疫系统

压力是如何损伤免疫系统的呢？当身体平衡长期被压力激素及与其相关的失衡因素破坏时，免疫系统将无法有效地工作。想象一下你可能在地震时完成一个重要的报告吗？

事　实
- 许多研究都发现，给病人吃糖丸之类的安慰剂，会让他出现自愈、症状减轻和免疫力加强的表现，这说明大脑有奇妙的自愈能力。
- 另外一些研究也发现，病人能够有意识地利用这种能力自愈。

在理想的情况下，免疫系统的自愈能力很强，但当情况并不理想时，有些人认为引导式冥想或者是专注内在的反省能够帮助大脑意识到免疫系统需要身体做什么来辅助自愈。虽然有些人质疑这类身体内在的体验是否可行，但是身心互动的科学还远远没有被完全揭示。不过，有广泛的证据表明，管理压力和倾听身体的声音是提升自愈力的关键因素。

压力和疾病的联系

到底哪种疾病和压力相关，哪种疾病和其他因素相关（比如细菌或遗传），在这方面专家们尚未达成一致，但越来越多的科学家和大众相信，身心之间的联结意味着压力可能会触发或导致几乎任何身体问题。反过来看，身体疾病和受伤也可能会导致压力的产生。

结果就是造成"压力—疾病—更多压力—更多疾病"的恶性循环，最终可能会给身心和精神带来严重的损伤。追究到底是先有压力还是先有疾病，或哪种情况是由压力引起的而哪种不是并没有意义。无论是压力引发了疾病还是疾病刺激出了压力，压力管理都能让身体处于更加平衡的状态，而在更平衡的状态下身体也能更好地治愈自己。平衡状态还会帮助大脑来应对躯体上的伤病，减轻痛苦。虽然压力管理可能无法治愈你，但会让你的生活更加愉悦。归根结底，这还是会有助于你恢复健康。

虽然如此，但请你牢记，压力管理技巧永远都不应该被用来代替医疗手段。压力管理最好是作为医疗的补充手段，在你的身体出现伤病时，还是应当接受相应治疗。首先听从医生的建议，然后通过降低压力来给身体原有的治愈机制提供额外补充。

精神压力

压力可能会引起许多精神或情绪方面的问题，反之亦然。工作太过拼命，把自己逼得太紧，精力过于分散，承担太多责任，或是生活在沮丧或焦虑的状态之中，这些都是非常有压力的。身体上的压力和精神上的压力都会使生活更艰难，而这又会造成更大的压力，于是你就会被困于另一个恶性循环中。

也许你在人际关系方面遇到的难题给你带来了一些压力，但你并没有直接应对这个问题（这个问题可能看起来无法解决），而是用工作麻痹自己，增加工作时长、接下更多项目。工作时间的延长、睡眠时间的减少，还会导致你饮食不规律，从而又会给你带来更多的压力。你的身心开始感到痛苦。一开始你可能会觉得在工作上格外有优势，因为你把本来要消耗在处理人际关系方面问题的精力转入到了工作中，但你最终会发现自己到了承受压力的极限，你将无法做出好的判断。你也没有办法集中注意力，没有办法专心。你会变得更加情绪化、易怒，还会开始认为自己的工作表现和自己这个人都非常不好。于是，沮丧、焦虑、惊慌、抑郁全都来了。

提 醒

不要被困在压力的恶性循环之中。如果一件本来应该是积极的事情让你感觉到有压力的话，你可能会因此产生愧疚和困惑，进而导致压力增大。试着去正视压力——它是人对于变化的一种正常反应。

精神压力会以很多种形式出现。社会压力源包括工作中的压力，即将发生的一些重要事情，和配偶、孩子或父母之间的关系问题，抑或是所爱之人去世。人生中的很多重要改变都会造成精神压力，这取决于大脑如何理解这件事，哪怕是一件本来很积极的事情，哪怕伴随而来的改变是短暂的，也可能会让人感到喘不过气来，比如结婚、毕业、换工作、加勒比海邮轮之旅。

当大脑试图使压力合理化并尝试用一切方法去阻止压力出现时，精神压力可能会造成自卑、消极的生活态度、愤世嫉俗或者渴望独处。你可能经历过极度紧张的某一周，然后只想花整个周末躺在床上看看书、看看电视，其他什么事情都不想做，这就是大脑试图恢复平衡状态的表现。活动太多或是改变太多会让人什么也不想做，只想恢复舒适熟悉的状态。（在你和最好的朋友大吵一架之后，一个冰激凌将是最棒的安慰。）

如果压力持续太久，你可能会感到倦怠，最后因为失控感不断增加而失去对工作的所有兴趣。你可能会感到惊慌、严重抑郁，甚至精神崩溃，这就是精神疾病的一种短暂状态，它可能突然发生，也可能在一段时间里慢慢显现。

精神压力可能相对更隐秘，因为其相比于身体疾病更容易被忽视，但它对你的身体和生活的伤害及影响同样巨大。厘清精神压力的来源是管理压力的关键。当你开始同时关注自己的精神和身体的压力承受水平时，生活将会变得更加愉悦。

> **E ESSENTIALS　重 点**
> 倦怠的表现包括对生活失去兴趣、热情和动力，失控感不断加强，负面想法持续不断，希望远离个人和工作关系，失去人生焦点和目标。

心灵压力

心灵压力更加模糊不定。它不能被直接测量，但仍是一种重要且有害的压力形式，与身体压力和精神压力密切相关。什么是心灵压力？它指的是忽视甚至最终失去我们的精神生活或者我们心灵的一部分，这一部分承载着我们对人性光辉和至善生活的希望、热忱、梦想、计划和追求。这是灵魂，是无形的我们。无论你是否有宗教信仰，你都可以有属于自己的精神世界。它是你的一部分，无法测量、无法计算、无法完全解释，是它成就了独一无二的"你"。

无视自己精神层面的感受，就是把自己的身体置于失去平衡的状态中。当我们的精神生活因为生理或心理压力而受到损害时，比如自卑、愤怒、沮丧、悲观、人际关系破裂、失去创造力、无望和恐惧，我们就会失去生活的精力和愉悦。

重 点

ESSENTIALS 精神崩溃迹象包括人格改变、行为失控、非理性思考、过度焦虑、强迫性行为、狂躁或抑郁行为、严重抑郁、情绪失控爆发或暴力、人际关系恶化、违法行为、成瘾行为、试图自杀或表现出精神分裂症等精神疾病的初期症状。

你是否碰到过这种人？他们面对难以逾越的障碍、痛苦、创伤、悲剧或损失时仍然能够保持心情愉悦。这样的人拥有充盈的精神世界，或源自后天努力，或源自天生灵性。

当然有一些人并不认同人有精神或是灵魂这种说法。他们会说，一切都是因为化学物质。另一些人倾向于认为一切都是相关的，就好像一张复杂精密的网，全部相互缠绕。关键点究竟是什么呢？如果你用整体性的视角来管理压力，你就会更全面、有效地应对压力，找到专门针对你自己的方式。无论是生理、心理还是精神，请保护好你的每个部分，珍视、养护织就这张网的每一根丝线；只要你做到了，无论你如何称呼每个不同的部分，最终你将会成就一个无与伦比的自己。

压力和自尊

压力和自尊之间的关系十分复杂，一如压力与生理和心理健康的关系。低自尊（即自卑）会让你更容易感受到压力，各种慢性压力（生理、情绪、环境、社交、个人生活等）反过来也会给自尊带来重要影响。

压力—自尊循环

　　看看压力是如何潜移默化地侵蚀你的自尊的。我们往往很难找到循环的起点，那么试着想象你度过了压力很大的一天，（也许此刻就是，根本不用想象！）好像诸事不顺：刚抬腿就撞在了第一层台阶上，刚要出门就把咖啡洒在了外套上，刚坐进车里又发现怎么也发动不起来；到了单位，老板扔给你一个棘手的项目，未来两个月可能都非常不好过，你都能想到未来又会有多少个漫漫长夜要熬，然后你错过了吃午饭的时间，后来同事还跟你说"你脸色很差"；下班后，你放弃了去健身房的计划，订了一张比萨然后大快朵颐，接着你感觉很内疚，因为你没去锻炼，又吃了太多垃圾食品。因为内疚感太强，你又吃了一个冰激凌，还熬夜看电视，吃剩的餐盘也没收拾。

　　早晨，你肿着眼睛，无精打采地起床。你一睁眼就看见乱糟糟的厨房，然后筋疲力尽地去上班，又迎来了和昨天一样的压力，如此循环，持续不断。不断地多吃，睡不够，而你并没有尝试去寻找和解决压力的根源——可能是因为你没有那个精力，也可能是因为你根本不知道能做什么。接着，你感觉越来越糟，你累到不堪重负，根本无法重塑自己的意志力。你的感觉越糟糕，你就越容易继续陷在这个负面循环中。

提　问

当你照镜子时，你看见了什么？

大部分人首先看到外部特征，其实凝视你在镜子里的反射也是冥想的一种方式。凝视你的眼睛，越来越深，直到你不再注意自己的外表，透过眼睛望见背后的自我。这既是一种通过专注减轻压力的练习，又是一种追求自我了解的技巧。

当然，这只是一个例子。诸如关节炎、多发性硬化或慢性疲劳综合征等慢性疾病导致的压力会给你的自尊带来沉重的负担。你可能质疑自己为什么做不了其他人都能做的事情。当你变得特别烦躁，感到糟糕时，你也不再喜欢自己了。对自己感到满意似乎是很久之前的事情了。同样地，压力让你没有个人时间，让你觉得自己不配拥有个人时间，或其他人都比你更重要。压力会让你的大脑持续运转，思维不断发散，还会让你无法集中注意力。

提 醒

压力—自尊循环是双向推动的。压力引发自卑，而自卑也是造成压力的重要因素。如果你觉得自己不够好，缺乏自信，或者是质疑自己取得成功的能力，那么你就可能会被压力吞噬。

所以如果你处于恶性循环中，该怎么做呢？想出解决办法可能很难，尤其是在找不到问题的明确起因时。你该如何跳出来紧急"刹车"呢？就直接跳出来，就紧急刹车，做就是了！

通过消除过多的压力来建立自尊

打破压力—自尊恶性循环的第一步就是先挑出一些你能做的事情，不一定要跟自尊有关。从一件事开始很重要，因为压力的一个重要特征就是没有焦点。如果生活中有太多事情让你难以承受，你就大概能了解那种晕头转向地乱晃、什么也做不成的感觉。可能你一开始做了某个项目，然后又因另一个项目的截止日期而分心，又跑去做那一个，但很快又为其他事情分心。不知不觉，一天又过去了，然而什么都没有完成。

所以再重申一遍，打破恶性循环最好的做法是选一件你能做的事情，一件你能完成的事情。的确有许多事情需要完成，但如果你一直保持这样的状态，那你永远都做不完。唯一能够改变的方法就是聚焦。

选择哪种方式聚焦取决于你：可能是一口气做完待办清单上的某一件事，也有可能是强制自己留一些个人时间。冥想可以让你脑海里不断的"嗡嗡"声停止，它已经影响了你的生产力，让你感觉自己糟透了。

你选择哪种方式还取决于你是被哪种压力折磨着。我们先来看看在战胜压力的同时能够强化自尊的一些方法，以及如何能最有效地利用这些方法。

事　实

想象你每天能浪费 30 分钟的一切方式：看电视、在汽车餐馆排队点餐、上网、对墙击球、吃一些不该吃的东西、担心、打电话、对开车插队的人发火……想想有多少事情是你不得不做的，再看看本章列出的很多事情，你本可以好好利用这 30 分钟来做这些事情！

建立自尊的策略：点 A 到点 B

去除生活中过多的压力本身就会让你感觉更好，所以本书中的所有压力管理策略都可能帮你建立自尊。抱着建立自尊的目的尝试这些策略会见效更快。记住，一定要完成，一定要从点 A 一口气到点 B，不要停下来或分心。

没有哪个策略会需要超过 30 分钟的实施时间，所以你没有任何不做的理由。为了让自己感觉更好，变得更有效率，再忙的人也能每天抽出 30 分钟。用 30 分钟时间就能变得自我感觉良好、认同自己的生活方式，这难道不值得吗？

沉思漫步

这个策略适用于那些运动量经常不足的人，还有那些总是担心过度或精神上执着于生活中那些负面东西的人。你清楚自己是什么样的，而短短 30 分钟的沉思漫步能主动地调控你的身体和精神状态。如果你一整天都很担忧，在桌前坐了一天，或者一整天都觉得糟透了，那你就需要每日沉思漫步，而且是迫切需要。你甚至可以假装做 30 分钟的积极乐观分子。一开始你可能需要假装，但最终散步的效果会在不知不觉间出现。

> **E** **重 点**
> **ESSENTIALS** 如果在你住处附近没有一个散步的好地方，或是天气糟糕，那就准备一个备用的散步计划，比如去小路、健身房或是商场散步。

正如你所知，锻炼有助于减轻压力，而沉思漫步能够在减压的同时让你的自我感觉更好。你应该这样做——穿上一双适合走路的舒适的鞋子，以及适合做中等强度运动的舒适的衣服，最好能同时让你自我感觉良好。也就是说，选择合适的穿戴，以便遇到认识的人时，你不必对自己的穿着感到尴尬。好好梳个头、洗个脸、涂点防晒霜，如果你想让自己看起来更好的话，还可以化个妆。走到门口，做 5 次深呼吸，大声说："我准备好回想一下我生活中的所有好事了！"

然后走出去吧！中速走 30 分钟，速度要让你刚好感觉得到了锻炼，但又不至于很累或肌肉酸痛。散步的时候继续做深呼吸，然后开始在脑子里列出所有生活中的好事，这一点最重要。下面有一些问题，你可以想想看：

- 生活中有什么是正常运转的？
- 生活中的哪个部分让你感觉很棒？
- 在你的生活中，都有谁让你的生活变得更好？
- 你爱谁？
- 你喜欢自己的哪些方面？
- 你有哪些美好的回忆？
- 你喜欢去哪里？
- 你最喜欢做什么？
- 什么食物让你感觉很好？
- 你最喜欢的书是什么？
- 你爱你的家、宠物、车和工作的哪些方面？
- 你在生活中的哪些领域是比较成功的？

E ESSENTIALS 重点

不要跟自己说完成任何事都不值得庆祝，这会破坏你为建立自尊所做的努力。如果你终于做到了收支平衡，或者做了扫除，抑或是前一天晚上比平时更早一点地关上电视，这就很棒！如果你没有吃那包饼干，或是没有花50美元买一些不需要的东西，那么你也可以而且应该为这类事情而感觉良好！

你可能会想到类似"我爱我的孩子"这样相对笼统的念头，也可能会想到"我为了准时还款而设定了一个还款机制，并且它运转得非常好"这样具体的事项。如果你难以集中注意力或是没有想法，那就设定一个目标，比如说每走 25 步或是每呼吸 5 次，就在脑海中加一个事项。如果思路一时卡壳，那就暂时停下来慢慢想，等到有想法了再继续走。

沉思漫步的挑战在于，在这 30 分钟里，你要把所有不顺的、负面的、你觉得你应该做（而没有做）的事情放在一边。漫步过后，你可以重新开始工作，但漫步的这段时间里你就要把所有让你产生压力的想法抛到一边。工作跑不了，在你回来的时候它们还会在，但只要你能正确地看待它们，你就不会觉得那么难以应付。在沉思漫步过后，你的生活看起来或许会好很多，你的自我感觉可能也会良好许多。

把厨房的水槽清理干净

如果打扫房间对你来说有难度，而房间乱七八糟又会直接导致你的压力上升，那我可以给你推荐一个网站。如果你觉得自己根本无法搞定房屋清洁，当然可能有成千上万的人都这么觉得，但做不好清洁真的有可能严重地削弱你的自尊心。要想改变这样的生活，你就必须要访问网站"www.flylady.net"，把上面的东西好好读一读，并且坚持读下去。你可以设置一个日常提醒，提醒自己每天都要阅读上面的内容，直到这些内容开始对你有效果。

这个网站上提供了一个整理房间的完整体系，通过整理房间可以相应地整理整理生活，即使你以前从来都做不到也没关系。该网站有几个基本原则，而且不接受反驳，其中最重要的一个原则就是厨房的水槽里不留东西，要干净，要闪闪发光。

> **E**
> **ESSENTIALS**
> **重点**
>
> Flylady 网站的另一个黄金原则是，每天早上，你必须做到起床、整理床铺、从头到脚穿戴整齐。很多人一开始都很抵触，可一旦他们尝试这样做了，就会发现这有奇迹般的（减压）效果。

　　干净的水槽有着令人难以置信的减压功效。就像 Flylady 网站上说的："厨房什么样，房子里的其他地方也就什么样。"我还要加一句："厨房什么样，你生活的其他部分也就什么样！"厨房是房子的心脏和灵魂，如果房子象征了一个人的一生，那么让心脏和灵魂保持有序就会让你的整个人生也井然有序。

　　如果你不是难以保持整洁的一类人，那么你并不需要这个步骤。但如果你和我一样，就可能发现厨房是对你生活境况清晰又直接的反映。当它闪闪发亮时，你的自我感觉也会非常好，并且生活中的一切都进展顺利。如果除了室友，你不让任何其他人进入你的房子而且坚决不做饭，那么你的生活很可能也乱成一团了。

　　厨房就是现成的、可以让你跳出压力—自尊循环的切入点。无论你有多忙，无论落后多少或者被压力碾压得多惨，如果你花 30 分钟，甚至 15 分钟到厨房把所有的干净盘子从洗碗机里拿出来并把脏盘子放进去，在水池子里倒进热的肥皂水，把剩下的乱摆的盘子洗干净（或者你没时间的话，暂时把它们收好放在一边），然后把水池里的水放掉，用清洁剂、刷碗布把它们擦干净，最后喷一点玻璃清洁剂让它们闪亮起来，你肯定无法想象这件事会对你的自尊产生多么大的影响。

　　每天尤其是在每天晚上这样做，那么早上醒来走进厨房就能看到闪闪发光的水槽，相较于看到堆满脏盘子、连个茶壶都放不下的水槽，前者一定会让你身心愉悦！这个很有效果。如果你需要帮助，就去看看 Flylady

的网站。

> **E** **重 点**
> ESSENTIALS
> 养成保持水槽整洁的习惯的最大好处在于厨房其他的地方很快也会变得如此。一旦你养成了保持厨房整洁的习惯,那么每天其实只需要几分钟就能保持整洁状态。

观赏绿色

说到自然美景,比如森林、山野、花园或者其他类似的景色,有些人会觉得有没有都无所谓,但有些人却觉得置身于美丽的自然风光,哪怕只是看一看,都会对自己的生活观、世界观和自我感觉产生很大的影响。如果你对印度传统医术阿育吠陀疗法(Ayurveda)⊖有兴趣,并且发现自己是皮塔型⊜(水与火的结合),那你可能就属于前面说的这类人。就算你对阿育吠陀疗法一点也不了解,那你可能也清楚自然美景是否对你有深刻的影响。

即使住在城市里,你也能利用自然美景帮助自己减压,改善自我感觉。让自己被自然美景的图片围绕,能给自己提神一整天。你可以尝试下面这些方法:

⊖ 阿育吠陀疗法是印度传统医术,以人体系统平衡理念为基础,采用节食、草药治疗和瑜伽呼吸法。

⊜ 在阿育吠陀疗法的观念中,人体因为不同的能量而分为三种不同的"督夏"(doshas),即生命能量。人体内有三大能量:瓦塔(Vata)、皮塔(Pitta)和卡法(Kapha)。自然界和人体由乙醚、空气、火、水、土五种元素构成,三大能量也是由这五种元素构成:乙醚和空气结合形成瓦塔,火和水结合形成皮塔,水和土结合形成卡法。这三大生命能量太多或是不足都会使人生病。

- 将电脑壁纸或屏保设置为随机切换令人陶醉的美景图片。在图片网站 Webshots（www.webshots.com）上注册一个账号，上面有各种免费图片可以用来做电脑壁纸和屏保，诸如美丽景色、动物以及风暴、奇云等自然景观。每天早上选照片时就好像过了一个迷你假期。虽然没这么夸张，但看一看这些图片确实就能让你充满活力。

- 今晚看一看探索频道、动物星球或是公共电视台上的自然节目，而不是你平时看的那些情景剧或电视剧，这对你的大脑有好处，因为这些节目是精神食粮，没准儿你还能从中学到点什么呢！

- 花 30 分钟在你自己的小环境里转悠转悠。即便你的院子或是公寓附近的空间很小，也还是可能会有一些绿色。闲庭信步，看看树、闻闻花、走走草地、赏赏绿植。其他什么也别想，看看你能观察到什么。

- 了解你住处附近的树。在一些文化中，树被当成精神守护者。看一看、想一想这些在你家周围的树。如果你能感知到它们的灵性，也许你可以寻求它们的保护。

- 如果你的住处附近没什么值得细瞧的（哪怕一朵花也值得好好看一看），那就步行或是开车去其他地方，比如公园或是景观非常好的小区。走一走，看一看，让你的大脑充满自然美景，这样就不会有地方存放焦虑，至少你在欣赏美景的 30 分钟里没空焦虑。

- 收拾一个小植物园或者小花园，从播种开始或者是买点现成的大点儿的植物。把绿植放在你的露台中、桌子上、前门或是后门的台阶上，抑或是能晒到阳光的窗前。每天都看一看，照顾一下这些绿植，它们会像维生素一样给你的灵魂补充营养！

- 到当地的图书馆或者书店翻一翻印有大幅彩色自然景色照片的书。你可能会感觉被带到了图片中的夏威夷或是落基山，又或是欧洲、非洲、美洲中部的热带雨林。让你的想象力带你驰骋 30 分钟。
- 制订计划，在下个假期游览壮丽的自然景观，比如去看看大峡谷、坐船去加勒比海，到国家公园、国家森林露营，或是到邻近的海滩晒太阳。好吧，这些要花超过 30 分钟的时间，但是平摊到一年中就没有那么多了。

一口气做完一件事

这一条适用于那些感觉掌控不了生活中任何小事的人。如果你有太多事情要做，结果好像哪个也做不完，那就花 30 分钟完成下面所列的家务小事中的一件。同时做 20 件事，但每件都只做一半的那种感觉，永远都比不上完整地做完一件事所带来的成就感。下面这些家务虽然做起来都不需要太久时间，但都是些让很多人觉得烦琐的事。只要没把这些事做完，它们就一直是你心上的负担，增加了你的压力，让你产生一种你无法掌控任何事情的感觉。

每天只做列表中的一件事就能给你的自我感觉带来巨大的改变，坚持一周你就知道了。

- 清理你的车。把所有的垃圾扔掉，收回可回收的，把该放在家的都放回家，用手动吸尘器把脚垫吸干净，最后用玻璃清洁剂把玻璃擦干净。
- 清理你的手包和钱包。把所有你不需要的垃圾都扔掉；把收据保存好；把所有的东西归位。把你的钱都理平装好，所有的钱都正反一致；把所有零钱清出来放到一个罐子里。（如果你每天都这样做，罐子里的零钱很快就够交大学学费了！）

E ESSENTIALS 重点
和你的宠物一起度过美好时光。宠物能帮你缓解压力，因为它们仿佛无条件地爱主人，所以能让你们自我感觉良好。

- 清理你的大衣柜。把所有不该放在里面的东西拿出来，然后放在该放的地方；把所有掉下来的或是快滑落的大衣挂好；把所有的围巾、帽子、手套、耳包都放在一个收纳箱里；把已经不再合适的或是没人想要的东西都送出去。哇！没想到你还有这么多的空间呢？
- 结清你的账单。别再拿着不放或是为它挂心，直接结清。
- 给牙医打电话，约好时间，然后按时赴约！
- 从你书桌上那一堆需要整理归类的东西中拿出一沓子，把这一沓子整理归类好。
- 一口气喝光一大杯水，一滴都别剩。
- 把卧室里所有平面上的灰尘都清理干净，这应该只需要 5 分钟，但会带来肉眼可见的不同。
- 整理床铺，现在就去。
- 泡澡或淋浴，然后给每寸肌肤都涂上身体乳，再穿上浴袍放松 15 分钟。
- 翻开你一直想要读完的书，读完一章。
- 打扫车库。不必整理所有东西，把所有你能扫净的灰尘都扫走即可。
- 还记得你一直想要打电话和那家公司解决问题吗？打吧。

- 给狗梳毛。
- 你还记得你一直想要告诉某人一件事,但是一直拖着或忘记说吗?去告诉他。
- 留出 15 分钟,仅仅 15 分钟!作为你的私人时间。告诉其他人你不想被打扰,然后到一个安静的房间,设定闹钟,自己一个人做一些你非常想做的事,用 15 分钟投入地做,读书、听音乐、做手工、做木工、吹口哨,什么都行。别骗自己,要完完整整地做 15 分钟。好啦,你可以继续你的一天啦!

这很难吗?你肯定已经感觉好一些了。

> **E** **重 点**
> ESSENTIALS
>
> 过一个"水"日,一整天除了水什么也不要喝,只要一天。(如果你咖啡因成瘾,那么你可能需要在早上喝一杯黑咖啡或者茶来避免头疼。)如果你一天喝了大约八杯水,你就会感觉更轻松,也会有更多精力。

向自己承诺

为了生活中的其他人而去管理压力固然很好,但是你也得向自己做出承诺。最基本的自尊,是认识到你是值得自己照顾自己的。当然,这也意味着你将更有能力照顾其他人。佛说:"做自己的明灯。"寻求自知,善待自己,照顾自己,而后你将学会疼爱自己,欣赏自己,尊重自己。

当压力出现时(这是一定会发生的),你会明白外部的压力无法改变你是谁或你的价值高低，无法改变你的珍贵、你的独一无二，也无法改变你值得自爱的本质。没有人比你更了解你自己，如果你不试着去了解自己，你就不能期待其他人去了解你。所以让压力成为你理解、探究、滋养和尊敬自己的理由。剩下的，包括所有那些给你的生活带来压力的事都会尘埃落定。

你的压力画像

你以前可能也尝试过压力管理，但效果不佳。一部分原因可能是你没有根据自身的特点来使用这些技巧。另一部分原因可能是你没有找到适合你自己的压力管理技巧。包括你的性格、你试图摆脱的压力类型，以及你应对压力的方式在内的种种因素都关系到压力管理能否成功。那么，如何判断自己该尝试哪个技巧呢？首先，你要明确地掌握你的压力画像。

压力的多种面孔

压力本身是一个比较简单的概念，它指的是身体对某种程度的刺激所做出的反应。但压力对你的影响和对你好朋友的影响可能完全不同。在身负压力时，你们的身体都会释放肾上腺素和皮质醇，但你的压力可能是因为老板要求太苛刻，而你又要带领10个不易管理的员工在不可能的期限内完成任务；而你朋友的压力可能源于一人在家带4个小孩，同时生活预算还很紧张。一个人可能因为骨关节炎而压力大，另一个人可能因为受长期的人际关系问题困扰而压力大。

提 问

当我感到压力时，我应该做什么呢？

涂鸦！当你因某件事而苦恼，绞尽脑汁地想找出一个合理的解决办法时，你应该让左脑休息一下，让右脑锻炼一会儿。涂鸦会激发你的创造性，平衡一下工作过度的大脑。创造力可能刚好帮你想出一直苦苦找寻的答案！

因为"压力"这个词对不同的人来说含义千差万别，所以任何人（包括你在内）都需要明确"个人压力画像"，才能有效地进行压力管理，这非常关键。弄清楚你生活中独特的压力来源、与压力相关的性格特点，以及你倾向于采用什么样的应对方式，这样你就能设计出一个针对你自己的压力管理方案。

比如，对于因与人打交道太多而身体疲倦的人来说，增加社交活动这样的策略不会对减压有帮助。而另一个因缺少生活支持体系而有压力的人则可能因增加社交活动而受益匪浅。有人会从冥想中得到深沉的宁静，有人却认为它很折磨人。有人认为自信训练会帮自己摆脱压力，但对于天生自信果敢的人来说，学会退一步，让其他人来处理事务可能更有益。

你可以把"个人压力画像"当作商业企划案来做。你自己就是一家公司，但这家公司现在没有以最高的效率运转。你的"个人压力画像"既要反映公司的整体情况，又要包含所有导致公司无法达到最好表现的本质原因。有了这份画像，你就可以精准地设计自己的"压力管理方案"，这样进展自然顺利，收效快且高（当然也很愉快）。

提 醒

喝两三杯咖啡意味着摄入将近 400 毫克咖啡因。这种物质会让你的身体释放肾上腺素，加深压力对你的影响。

那么，该如何整理这个琐碎、繁杂又庞大的压力清单及其应对方式呢？你可以通过本章中的测验和提问了解自己的情况，从结果中整理出自己的画像。

你的压力画像包含四个部分：

- 压力承受极点
- 压力刺激点
- 压力敏感因素
- 压力反应倾向

一旦了解了自己能承受多少压力，什么东西会刺激你产生压力（哪怕这个东西对你的朋友、爱人、兄弟姐妹都没影响），你在哪个方面容易受压力困扰，你面对压力的反应方式是怎样的，你就知道该如何建立你的个人压力管理方案了。这是一个商业企划案，一旦厘清问题，就能针对问题有策略地进行规划。你可以通过管理压力制订一个改善生活的计划。

压力承受极点

请注意，我说的是管理压力，而不是消除它，因为我们不可能消除所有压力。我之前提到过，有些压力其实对你是有好处的。它能够在你需要能量时给你加把劲，让生活更好玩、更有趣、更激动人心。其实我们每个人不都渴望有点压力吗？我们厌倦了日复一日地循规蹈矩，向往一个激动人心的假期。我们渴望坠入爱河的甜蜜、结交新朋友的激动、升职带来的挑战、学习新知识产生的火花。我们想要逛一逛没去过的地方，甚至想在新的城市或是不熟悉的地方走一走，迷失方向（暂时）也无妨。

换句话说，太多压力不好，有点压力却是好的。因此，想要消除生活中所有压力是没有道理的。好的压力会有奇效，只要它不是一直持续下去的。最终，绝大部分人都还是喜欢回归平衡，回到作息规律、亲自烧煮的日常生活。

你可能已经注意到了有些人渴望不停地改变，喜欢那种新鲜刺激的高压生活，比如那些四处奔波的记者、网络管理员，或是能在最平淡的生活里活出戏剧性的那些人。另外一些人则更喜欢非常规律、甚至有点程式化的生活，想想那些很少离开家乡并且对这种生活方式很满意的人。我们绝大部分人都介于两者之间。我们喜欢旅行，希望偶尔体验一下激动人心的生活，但我们最后还是会想回家，或是想要一切都回归常态（维持自身正常运转的平衡状态）。

无论你是哪种类型的人，身体里的改变都能让你反应更快、思维更敏捷，让你有种高度的成就感，但都只能持续到一个临界点。对每个人来说，压力从积极作用向消极作用转变的临界点都不一样。但在一般情况下，适当的压力会让你感觉很棒，并且切实改善你的表现，但是总会到达某一个拐点，这就是你的"压力承受极点"。如果超过这个点后，压力仍然维持在这个程度上甚至还在提升，你的表现就会变差，身体也会受到负面的影响。

事　实

美国加州大学洛杉矶分校高等教育研究所最近的一项研究表明，有超过 30% 的大学生称自己"常常感到崩溃"，这比 1985 年增长了 16%。

压力刺激点

到达拐点的方式也因人而异，因为每个人的生活都不一样，因而存在各种不同的"压力刺激点"。刚出车祸的人和即将高考的人，他们的压力刺激点完全不同，但两者感受到的压力程度可能差不多，这也取决于车祸的严重程度以及考生对考试的重视程度。当然，因为两人的"压力承受极点"不同，有些压力对考生来说是高压，而对出车祸的人来说可能只是中等压力。与此同时，这两个人的压力承受能力可能都比另一个一周之内有过三次偏头痛的人要高。

换句话说，你的"压力刺激点"就是让你感到压力的东西，而"压力承受极点"是在保持高效的前提下，你能承受多少，以及是哪种程度的压力刺激。存在哪些压力刺激点完全是因人而异的。

压力敏感因素

压力敏感因素会让情况变得更加复杂。有些人的压力承受能力高，但跟家人相关的事情除外。有些人能无视批评或是其他个人压力，除非它是与工作表现相关的。有些人能够接受朋友、同事的任何批评，但如果是腹股沟的肌肉拉伤了还是会痛苦难耐。

因为性格、经历、基因以及其他多种因素的影响，每个人都会对某类压力特别敏感，容易受其影响，而对另外一些则没反应。"压力敏感因素"能帮你弄清生活中的哪些事情更容易给你造成压力，而哪些事情对你的影响并不大，即使这些事情对其他人来说可能会造成非常大的压力。

E
ESSENTIALS
重 点

成功的关键是找到最适合你的压力管理技巧。如果记录的压力随笔或冥想让你的压力增加了，那么这些方法就不适合你。压力管理技巧应该让你感觉很放松、很期待，是积极的体验。不要强迫自己做不想做的事，否则情况可能变得更糟。

压力反应倾向

压力画像已经挺复杂的了，现在还要加上一条你的"压力反应倾向"，即你倾向于应对压力的方式。当生活变得艰难时，你是会暴饮暴食、抽烟或喝酒，还是更倾向于封闭自己、大睡一场或向朋友撒气？你可能会找朋友聊天，也可能练习放松或冥想。如果压力触及你最脆弱的点，你可能会有某种反应方式；如果遇到其他对你来说更容易处理的压力，那么你可能又会有另一种反应方式。

你可以通过觉察压力，有意识地找到压力刺激点，来战胜让你筋疲力尽、脑力枯竭的压力。下定决心选一种适合自己的方式去管理生活中的压力，尝试各种压力管理技巧，找出适合你的，画出你的个人压力画像然后付诸实践。

我们先来明确一下你的情况，即你生活中的压力来源，以及你习惯怎样应对它们。下面这个小测验会帮你揭露生活中压力的细节。你可以根据这个测验开始建立个人压力画像。

提 醒

常常突破自己的压力承受极点会导致：

- 表现不佳
- 缺乏专注
- 妨碍性焦虑或抑郁
- 免疫系统受损
- 生病

个人压力测验

先别太为这个测验而焦虑，因为它不打分，所以不要有压力。这是一个可以反思自己、自己的生活和个人倾向的机会，慢慢做！还有，你的答案以及整个压力画像都可能随着时间的推移而发生变化。今年、这个月或这周都可能压力特别大，但明年、下个月或下周可能会更好一些。你以后还可以再做一遍测试，看看压力管理方案执行的效果。现在请根据你今天的情况来回答以下问题。

第一部分　压力承受极点

选出最符合你情况的选项：

1. 下面哪一个最符合你平常的情况？
   A. 规律而舒适：每天起床、吃饭、工作、休闲的时间都比较固定。我喜欢自己规律而有序的生活。
   B. 规律到抓狂：每天起床、吃饭、工作、休闲的时间都比较固定，我快要无聊死了。
   C. 基本规律但无序：大部分日子都正常起床、吃饭、工作、休闲，但时间都不太确定。如果有新鲜事发生，那就太棒了！我喜欢顺其自然。
   D. 非常没有规律而且压力频出：每天都有事情打乱我的计划。我渴望规律的生活，但是生活总是让我的努力白费。

2. 你不按规律吃饭或运动会怎么样？
   A. 我会感冒、过敏、胃胀、疲倦，或者会有其他小的信号提醒我自己没有坚持好习惯。
   B. 我不会太注意自己的饮食或运动规律，但绝大部分时间都感觉不错。
   C. 好好吃饭？运动？如果我有时间和精力把它们安排到日程里，那么某天我可能会试试。
   D. 我会很激动，情绪高涨。我很享受改变日常规律，我会进入另一种生理状态。

3. 被批评或被权威人物训斥，你会有何感受？

A. 我感觉惊慌、绝望、焦虑或低落，好像刚刚发生了很糟糕而自己又无能为力的事。

B. 我感觉愤怒，想要报复。我会不停地想所有我本来该做或者可以回应的方式。就算我并没有打算实施，我也会制订细致的报复计划。

C. 我会生气或者伤心一会儿，但不会很久。我会专注于下次如何避免这种情况。

D. 我会觉得自己被大家误解了。我知道我是对的，但这可能就是做天才的代价吧！

4. 当你由于各种原因准备在人前表现时（唱歌、演讲、做报告或讲课），你会有何感受？

A. 我会想吐。

B. 我会感到被调动了起来，很激动，有点紧张，但充满能量。

C. 我会回避这种不得不表现的场合，因为我不喜欢。

D. 我会雄心勃勃或夸夸其谈。

5. 在人群当中时，你会有何感受？

A. 高兴！

B. 慌张！

C. 我会想找麻烦。拉响火警报警器不是挺好玩儿的吗？

D. 一段时间内我会感觉不错，但之后就想回家了。

事　实

根据 1996 年《预防》杂志的调查，73% 的美国人每周都会感觉到"巨大的压力"。

第二部分　压力刺激点

选出最符合你情况的选项。如果没有选项符合（比如，如果你对自己的工作非常满意，它没让你产生任何压力），就不必选择。

6. 在你居住的地方，什么让你感觉压力最大？

    A. 因为城市污染或室内过敏原而有压力。

    B. 因为频繁和家人吵架而有压力。

    C. 因为缺乏睡眠而有压力。我的居住条件（新生儿、吵闹的室友）导致我从来都睡不好觉。

    D. 因为居住在家里的人突然变化而有压力，无论是少了谁（有人搬出去或过世）还是多了谁（有人搬进来或新生儿降生）。

7. 你应该改掉哪些习惯？

    A. 我不该在室内待太久。我知道应该时不时地呼吸一些新鲜空气。

    B. 我不该总是贬低自己。

    C. 我不该抽烟、喝酒或是暴饮暴食。

    D. 我不该太在乎其他人如何看待我。

8. 什么能大大改善你的生活？

    A. 除非我能搬出这个城市/农村/小镇/郊区，甚至这个国家！

    B. 除非我的自我感觉能更好一些。

    C. 除非我更健康，有更多精力。

    D. 除非我有更多权力、威望和金钱。

9. 你最害怕什么？

    A. 我最害怕节日。喜悦的气氛会让我低落。

    B. 我害怕失败。

    C. 我害怕疾病或疼痛。

    D. 我害怕在人前讲话。

10. 你对自己工作或事业感觉如何？
    A. 我觉得自己如果换一个完全不同的工作环境会更开心。
    B. 我感到不满的是，我的个人能力没能充分地施展出来。
    C. 我感到有压力。我已经因为小病而用完了所有的病假。
    D. 我觉得自己不得不迎合同事的工作习惯或是上司的期待，即使我那么做会很辛苦。

提 醒

放松——没准这就能挽救你的健康！根据马里兰大学医学中心在 2000 年美国心脏学会年会上发表的研究报告，有心脏病的人和没有心血管问题的人相比，前者大笑的概率比后者低 40%。

第三部分　压力敏感因素

选出最符合你情况的选项：

11. 你会怎样描述自己？
    A. 我是个外向的人，社交会让我充满活力。
    B. 我是个内向的人，独处会让我充满活力。
    C. 我是个工作狂。
    D. 我是个照顾者。

12. 什么让你紧张？
    A. 当我想到自己的经济状况时会紧张。
    B. 当我想到我的家人时会紧张。
    C. 当我想到所爱之人的安全时会紧张。
    D. 当我想到其他人如何看待我时会紧张。

13. 如果生活的很多方面都按部就班，哪个方面会突然失控？
   A. 吃太多东西，或者喝太多酒，抑或花太多钱。
   B. 控制不住地忧心忡忡。
   C. 不停地整理和打扫房间。
   D. 就是无法闭嘴！总是不经意地让人生气或是冒犯其他人。

14. 在工作方面，你会怎样描述自己？
   A. 非常热情高涨，有事业心。
   B. 我只是混日子。工作无聊也没有意义。
   C. 我很满意，但是也希望能够在工作之余有自己的生活。
   D. 我非常不满意。我知道如果自己有机会尝试其他工作的话一定可以获得更高的成就。

15. 你在个人关系中表现如何？
   A. 我通常是那个掌控局面的人。　　B. 我是跟随者。
   C. 我总是寻找我身上没有的点。　　D. 我有点冷漠。

E ESSENTIALS 重点

消极的态度会大幅降低你的压力水平。在某些情况下，随遇而安或内心认为这些事情不重要，可能会显得冷漠无情，但这种消极的态度往往能够降低"情况失控"的感受。如果无法掌控它，就放手吧。如果无法改变，就接受现实吧。

第四部分　压力反应倾向

选出最符合你情况的选项，处于下面这些压力情景时，你最可能会做出什么样的反应？

16. 如果你的生活非常忙碌，不但承担了太多社会责任，而且要完成太多工作，似乎你的生活除了火急火燎地完成各种事情就没别的了，你会怎么做？

    A. 我会感觉崩溃、焦虑、失控。

    B. 我会长五斤肉。

    C. 我会建立一个精确详尽的流程，将生活的方方面面安排得井井有条，我能在放弃之前坚持几周。

    D. 我会减少现有的责任，并且对新责任说"不"。

17. 如果你某天醒来患了感冒，喉咙沙哑、鼻子不通、打寒战、浑身疼，你会怎么做？

    A. 我会打电话请假，休息一天，喝杯蜂蜜茶。

    B. 我会吃点感冒药，去上班，假装自己没生病。

    C. 我会去健身房，竭尽全力上跆拳道课，或在跑步机上跑几公里，出一身汗。

    D. 我会想有这么多重要的事情得做，怎么可以生病。我会担心因为生病而耽误很多事情。

18. 你会如何处理人际关系问题？

    A. 我会假装没有问题。

    B. 我会要求谈一谈，立刻就谈。

    C. 我会变得低落，觉得一定是自己的错，并且会想为什么自己总是毁掉关系。

    D. 我会花时间思考自己在反馈意见时怎样表达不会听起来像在怪罪，然后找那人讨论一下具体的问题。如果没有用，至少我试过了。

19. 如果你的上司说有个客户投诉你，告诉你不要担心，但同时也建议你以后跟客户说话要更小心一些,你会有什么感受?

A. 我会觉得这严重冒犯了我,之后好几天我都忍不住猜想是哪个客户,我会想怎样报复让我在老板面前出丑的他。

B. 这不会触动我。有些人就是过于敏感。

C. 如果我冒犯了别人,我会感觉非常诧异,并且想怎么会发生这种事。我会表现得特别有礼貌,迎合所有人,但是我的自信心肯定会受损。

D. 我会觉得受伤,可能有点生气,但会采取我上司的建议,不去担心。以后我会特别注意自己跟客户的讲话方式。

20. 如果明天早上有重要考试或报告,你在准备睡觉时会有什么感觉?

A. 我会有点紧张,但因为我已经准备充分,所以会有点激动。我会准备睡个好觉,然后全力表现。

B. 我可能会紧张到呕吐。我会喝上几杯酒,吃点饼干或者抽几根烟让自己冷静下来,哪怕这样做通常都没有用。我会睡不安稳。

C. 我会通宵复习我的笔记,哪怕我已经记牢了。我会觉得多看一遍没有坏处。

D. 想到考试或报告会让我紧张,所以我假装什么事都没有,努力不去想它。

就是以上这些题目了!你已经做完了。现在请你根据下面的引导整理每个部分的答案。

第一部分　压力承受极点分析

在下表中选出你的答案,看看你大部分答案在哪一栏。

	刚好有点低	刚好有点高	太低	太高
1.	A	C	B	D
2.	A	B	D	C
3.	C	D	B	A
4.	C	B	D	A
5.	D	A	C	B

"压力承受极点"反映的是你能承受多少压力。你的大部分答案落入哪个类别了？如果你的答案均匀地分散在几个类别中，那就说明某些特定的事情会让你压力很大，而某些事情给你的压力会小很多，或是生活中某一部分的压力太高而其他的部分刚刚好或是很小。下面是对"压力承受极点"的分数解读。

如果你大部分答案都在"**刚好有点低**"这个类别中，那就说明你承受不了太多压力，但你自己知道这一点，也善于采取措施限制生活中的压力。如果生活按照你制定的舒适路线顺利进行，没有什么太大的意外发生，那么你会展现出你的最佳水平，感觉最开心。你可以在短时间内应对压力，就像无论旅行多美好，你总是会在旅行后期待回家，你会对自己的习惯非常坚持，无论是每天的习惯（早晨晨练、晚上吃饭的时候看新闻）、每周的习惯（每周五和最好的朋友喝咖啡），还是每年的习惯（每年准备同样的感恩节菜谱、每年参加情人节聚会以及固定的春季大扫除）。

你已经确定了一个适合你的日常节奏，节奏被打乱时就容易出现压力。但是，因为你意识到自己的压力承受度低，所以你已经做好准备，尽可能地让生活低调有序。你可能善于对生活中多余的事情说"不"；你也可能会在国庆假期出去玩，但是拒绝在冬季节日离开家，因为这是传统。

你需要学会一些调节技巧来处理难以避免的生活巨变,或是由不可控因素导致的打乱常规的情况。你或你的家人病了,你不得不换工作,你要搬到另一个城市生活,你即将开学或毕业……无论你喜不喜欢,变化难免会发生。长期或永久的改变需要你灵活地调整自己的日常节奏,适应短暂或是永久性的新情况。短期改变可能需要你暂时放弃你所钟爱的习惯。

提 醒

压力管理技巧能够在你感到要崩溃时让你多一些韧性,这样你就能更有效地应对变化。

如果你大部分答案都在"**刚好有点高**"这个类别,那就说明你可以承受比较高的压力,而且事实上你喜欢更刺激一点的生活。当生活不是"过于"一成不变时,你会表现得更好,过得更开心。你可能是一个随和的人,喜欢看生活的下个转弯会有什么新意,而死板的日程会让你感到无聊。当然,你也喜欢生活中的某些习惯和传统。你可能喜欢每天早上喝杯茶——可能是一边喝茶一边看动画片,也可能是一边喝茶一边浏览《纽约时报》的财经版面;可能某天在厨房喝茶,另一天则在露台喝茶,甚至可能因为决定多睡 45 分钟而把茶带到地铁上喝。

你可能不总是按时吃饭或是锻炼,但是你喜欢这样。你可能有意或无意地按自己开心的方式来规划生活。你知道自己喜欢让事情变得有趣,所以抵触常规,让生活中存在一定的压力来保持效率。也许你在匆忙奔走的生活里并没有始终保持高效,但如果压力能让你开心的话,那就没什么问题。压力产生的影响是正面的还是负面的取决于其是否超过你的"压力承受极点",你的这个极点可能比其他人的高。跟你的朋友相比,你可能喜欢压力更多一点。但到了那个极点,即使是你,也会因为压力太大而使精神和身心健康以及幸福感受到影响。

当然，并不是所有的变化都是愉悦的。你所要掌握的那些压力管理技巧正是用来帮你处理生活中那些不太愉悦的变化，比如生病、受伤或失去所爱之人。何况你也不能一直都顺其自然。你可能会觉得坐不住或难以集中注意力，那么冥想或其他培养内心安宁和外在沉稳的技巧可能会让你受益良多，你能学到自律，学习如何让生活慢下来（因为每过一阵，我们都需要慢下脚步，无论你愿不愿意）。了解如何让生活有些规律对你有好处，哪怕你不一定总是选择这样做。当你生病、有了小孩，或与压力承受极点比你低的人一起生活时，了解如何规律生活会对你有所帮助。你已经挺灵活了，学会各种压力管理技巧（不只是让你暂时感到愉悦）会让你更加灵活和自律，从而能够应对各种情况。

E ESSENTIALS 重 点

当你的精神负担过度时，动手做点什么。许多人会觉得烘焙、画画、园艺、修理家具或是做木匠活儿能够释放压力。做一些手工或创作一件作品能帮助你精神集中。当你在打造一个鸟窝或是装饰生日蛋糕时，你的大脑没有精力去担心。

如果你大部分分数落在了"**太低**"这一栏，那么你的压力承受极点可能非常高，而你现在承受的压力远低于这个点；或者你的压力承受极点可能比较低，但你现在承受的压力还是比这个点要低。谁知道呢？因为你还没有找到最适合自己的压力水平。想要展现最佳水平和获得最大的幸福感，你需要比目前更多的刺激。可能你现在的生活作息非常规律，规律到你自己都无法忍受。你渴望刺激，渴望改变，任何形式的变化都可以，哪怕只是把房间里的家具挪一下位置。

达不到压力承受极点会让你感到挫败、易怒、抑郁或具有攻击性。因为你没能发挥你的潜力，但这完全可以改变！害怕换工作吗？那就制定系统的存钱目标并执行，然后大胆地迈出那一步。学习新东西，加入新组织，在你感兴趣的方面多参加些社交活动。如果你觉得你的婚姻如一潭死水，那么拜托你千万别去找外遇，你可以找一位婚姻顾问帮助你重拾婚姻的激情与活力。你是一个被拴在家里的主妇吗？那就好好利用网络，用你的电脑去探索外面的大千世界吧！给老朋友打个电话，开始画画或写一部你心里酝酿已久的小说。

不管你信不信，压力管理技巧对你也有帮助。讽刺的是，当你的压力达不到压力承受极点时，这本身就是一种压力。所以，用有趣、积极的变化来满足你的压力需求，用压力管理技巧来应对你的挫败感、攻击性或是抑郁心情。学习压力管理本身就是一件让人兴奋的事，比如教自己各种冥想技巧本身就是一件积极而有趣的事情。

如果你的得分在"太高"这一栏，那你可能非常清楚你现在的压力已经超出健康的压力承受水平了。你可能正为压力的负面影响而烦恼不已，比如总是生小病、无法集中注意力、焦虑、抑郁或是自我轻视。你可能经常觉得生活不受控制或是未来无望。你一定要看完这本书！你会从本书提供的压力管理技巧中学到很多。你可以改善自己的生活，让自我感觉更加良好。逐步开始改善生活，永远都不晚。你做得到！做个深呼吸，然后继续读下去。

事 实

芝加哥的拉什大学医学中心（Rush Presbyterian St. Luke's Medical Center）近期的一项研究发现，每天摄入 300 个国际单位的维生素 E 可以明显降低 65 岁之后精神状态衰退的概率。

第二部分　压力刺激点分析

数一数这个部分你的答案里有多少个 A、B、C、D。请查看每一个你选了两次及以上对应选项的讲解。

选 A 两次及以上：你正在承受"环境压力"的困扰。这种压力来自你所处的环境。你可能住在受污染的地区，比如杂乱的街道或是和吸烟者同住（或者你自己吸烟），或是对你周围的什么东西过敏，这些都是环境压力。环境压力也包括环境发生变化时你感受到的压力。你的小区可能在前几年中变化很大。你可能在重新装修，或是搬到新家、新城市。家里的变故，比如失去或者增加了家庭成员，甚至是宠物，这些全都被认为是环境压力，包括结婚或离婚。这些其实是个人和社会压力的来源，但因为它们改变了家庭内部结构，所以也算是环境压力。

有些人对天气非常敏感，暴风雪、雷暴雨、飓风或是天天下雨，这些天气变化对某些人来说都是压力。每次你听到轰隆隆的雷声就会焦虑、惊慌吗？你会因为害怕暴风雨而关注天气预报吗？

环境压力源大部分都是无法避免的，但有些技巧能够帮你将它们从压力源转变为普通事件。如果环境压力特别让你困扰，你可以试一试下面的压力管理技巧（在之后的章节中还会介绍更多）。

- 冥想（帮你退一步旁观处境）：第八章
- 呼吸练习（帮你冷静）：第六章
- 运动和营养（帮你加强抵抗环境压力的生理力量）：第七章
- 维生素和矿物质疗法、草药、顺势疗法（增强你的免疫力）：第六章

选 B 两次及以上：你正为"个人压力"所扰。个人压力是来自你个人生活的压力。这类压力范围很广，比如你对人际关系的感知、你的自尊

和自我价值感都属于这一类。如果你对自己的外表不满意，或者感觉自己能力不足、不得志、害怕、害羞，缺乏意志力或自控力；如果你有饮食方面的障碍或成瘾行为（这也是生理压力源），或者总是因为某些原因而感到不开心，所有这些都说明你正为个人压力所扰。甚至开心过度也会造成压力。如果你疯狂地坠入了爱河，刚刚结婚或是最近升迁，突然赚了许多钱，或是刚开始梦想的事业，你也会有个人压力，因为这些情况很容易让人怀疑自己，缺乏安全感，或者因为过于自信而坏事。

换句话说，个人压力都长在你的脑子里，但这并不意味着个人压力的影响会比环境压力或生理压力要小，它带来的感受只会更加真实。管理这种压力最有效的办法就是找出那些能帮你管理自己的想法和情绪的技巧。你可以试试以下技巧：

- 冥想：第八章
- 按摩疗法：第七章
- 重塑习惯：第六章
- 放松技巧：第六章
- 视觉想象：第八章
- 乐观主义疗法：第九章
- 自我催眠：第九章
- 运动（比如瑜伽、举重）：第七章
- 创造力疗法：第九章
- 梦境日志：第九章
- 朋友疗法：第九章

选 C 两次及以上：你正受"生理压力"之苦。生理压力是身体所承受的压力。所有形式的压力都会导致生理反应，而有些压力就是来自生理问题本身，比如疾病和疼痛。你要是得了感冒或是流感，就会因为这些病痛而有压力。扭了手腕或脚踝也会对身体造成压力。关节炎、偏头痛、癌症、心脏病、中风，所有这些生理疾病，无论轻重，都是生理压力。

生理压力还包括体内激素的变化，从经前综合征、怀孕到更年期，还有其他各种变化或失衡，比如失眠、长期疲劳、抑郁、双相障碍、性功能障碍、进食障碍或成瘾行为。例如，对某些有害物质成瘾就是生理压力源之一，而对酒精、尼古丁和其他药物的滥用也会造成压力，哪怕是处方药也会带来生理压力。这类药品虽然能减轻病情，但其可能存在的副作用也会带来压力反应。

> **E**
> **ESSENTIALS**
>
> **重 点**
>
> 你能控制生活中的压力恶性循环。疾病和疼痛能引发压力，许多专家认为压力也能引起疾病和疼痛，而管理压力能帮你阻断这个循环。你在生病时要照顾好身体，在担忧或焦虑时要照顾好心灵。只要一头得以阻断，自然就不会引发另一头。

许多生理压力都不是你能掌控的，但有一个重要且常见的生理压力是你可以掌控的，那就是不良的健康习惯。经常熬夜而缺乏睡眠，不好的饮食习惯（吃太多或太少），锻炼太多或太少，对自己缺乏照顾，这些因素都会给身体带来直接压力。

解决生理压力的最好办法是直击根源，许多技巧可以帮你直接解决生理压力。你可以试试下面的方法：

- 重塑习惯：第六章
- 运动和营养的平衡：第七章
- 按摩疗法：第七章

- 视觉想象：第八章
- 放松技巧：第六章
- 正念冥想：第八章
- 维生素和矿物质疗法、草药、顺势疗法：第六章
- 印度阿育吠陀疗法：第九章

选 D 两次及以上：你正在承受"社会压力"。有人嘴上说着不在乎其他人怎么看待自己，但事实并不是完全如此。人是社会性动物，我们生活在一个全球化程度不断加深的复杂且充满互动的社会中。我们当然在乎其他人怎么想，我们不得不在乎，否则无法在这个社会中生存。当然，不要过分在乎，和其他事一样，理想的状态是找到相应的平衡点。

社会压力和你在这个世界的行为表现有关。人们怎么看待你？他们对你所做的和所经历的事持何种态度？比如，订婚、结婚、分居或离异等，这些个人压力也会产生社会压力，因为婚姻关系的建立和结束都会引来社会的不同看法和反应。成为父母或祖父母、升职、失业、发生婚外情、赚很多钱或赔很多钱都是如此。社会对这些事有很多说法，势必会影响其他人对你的看法，无论对错，无论有没有根据。这种压力会给你带来多大影响，取决于你有多容易受公众（或家人）的观点影响。如果社会压力已经影响了你的生活，那么下面这些平衡社会压力的技巧可以帮助你：

- 运动：第七章
- 调整态度：第九章
- 视觉想象：第八章
- 创造力疗法：第九章
- 朋友疗法：第九章
- 重塑习惯：第六章

提 醒

太多压力会造成倦怠,在这种状态下,一会完全失去热情、兴趣、精力或完全不顾工作、家庭甚至个人卫生。如果你觉得自己正朝着这个方向发展,那应该马上就开始管理压力!先睡个午觉,从充足睡眠开始!

第三部分 压力敏感因素分析

不同于压力刺激点,压力敏感因素和你个人的倾向有关。每个人的压力刺激点不同,此外,个性和面对压力所呈现的脆弱点也会因人而异。你和朋友的工作压力都大,但是你对工作压力可能格外敏感,对工作执着到过分以致放大了它带来的压力;而你的朋友也许能更健康地处理工作压力。你们可能都有两个孩子,但朋友可能对孩子过分担心,在这方面更脆弱,而你能更好地应对相关的压力。

在这一节,每个选项都能反映出你具体脆弱的方面。根据你所选的答案,对应下面的分析查找自己的敏感区域。

太多的独处时间,或缺乏满意的社交接触:11. A,13. D

外向的人会享受偶尔的独处,但太久不与他人共处会让他感到精力匮乏。外向的人需要许多社交活动来保持充沛的精力。他们会在集体工作时展现出最佳水平,简直不敢想象他们单独工作时的样子,因为那样他们会丧失动力。人际关系对外向的人极其重要,没有伙伴他们总感觉不完整。外向的人往往有很多朋友,依靠朋友获得精力、支持和满足。

外向的人常常需要把话说出来才能意识到自己内心的想法,在大声倾诉的过程中完成思考。因此,朋友疗法、记日记、团体疗法、冥想课、健身课和按摩疗法对于外向的人来说尤其有用。

太多与他人接触的群体时间：11. B，15. D

内向的人可以享受与他人相处，但太多接触会让他们觉得精疲力竭。与他人共处之后，内向的人需要时间独处以恢复精力，他们很难在身边有很多人的时候高效工作。内向的人善于在家或远程独自办公。虽然内向的人不一定害羞，也会从人际关系中获益良多，但他们还是需要时间独处。内向的人通常会想好了再说话，有时他们会产生疏离感，好像他们和外界之间存在鸿沟，而这可能正是需要独处的信号。如果你也是内向的人，时间一长，你的身体就会告诉你它需要充能（与人共处），但有时候也可能是独处太久了的信号。所以，还是要学会保持平衡！内省和独处的策略对内向的人来说非常有用，比如冥想、视觉想象和脉轮静修。

照顾者的难题：11. D

总是杞人忧天的人往往会特别担心他们的受养者。如果你是家长、祖父母或是需要照顾年迈父母和祖父母，那么受养者的健康和福祉都是你担忧的事情。这是很大的负担，即使你欣然接受，它也仍然是较大的压力。如果你是父母，你爱自己的孩子，那么承受负担也完全值得。但上有老下有小会让你更容易忧虑，压力会让照顾者这个角色更加艰难。

学会处理作为照顾者的压力意味着首先需要承认压力，然后想办法在照顾受养者的同时照顾好自己。这不是自私，如果你忽视自己的身体、情绪和精神健康，就没法好好照顾别人。自我照顾相关的各种压力管理对照顾者来说尤其重要，包括给自己留出创造和表达的空间。不要害怕承认承担照顾责任所导致的各种各样的复杂情感，比如强烈的爱、愤怒、愉悦、怨恨、感激、悲伤、恼怒和幸福。这样说来，作为照顾者和作为一名普通人其实没什么区别，不是吗？有人会说，照顾者就是各种感情感受得到了加强。

> **重点**
> 如果你有责任照顾其他人，比如孩子或是年迈的父母，要想做个出色的照顾者，那就必须要先满足自己的需求。你要每天给自己留些时间，哪怕只是花 15 分钟安静地泡个澡，或每晚睡前读本书。把精力全部投入在其他人身上不会对任何人有好处。

经济压力：12. A

有些人无论赚了多少钱，钱似乎都会从他们的指缝溜走，或者像口袋漏了个洞一样。对许多人来说，钱都是一个巨大的压力来源，也是很常见的压力敏感因素。足够多的钱真能解决你的所有问题吗？你每天都会担心没有足够的钱买自己所需或所想的吗？你会忍不住纠结在哪存钱、钱是不是被充分利用了，以及绞尽脑汁地想如何赚钱吗？你有没有非常看重经济地位的重要性？

如果钱是你的一个压力敏感因素，你就要多关注帮你掌控财务情况的技巧，并且用更长远的（终生的）角度看待财务问题。钱无法买到幸福，但免除经济压力一定能帮你靠近幸福。

> **提醒**
> 不知道自己有多少钱或者钱在哪儿是经济压力的主要来源。面对现实，不管有多惨，都要时刻知道自己有多少钱。这会让你有所解脱，接下来你才能开始掌控自己的经济情况。

家庭动力：12. B

你爱他们，也恨他们。他们看到你最好的一面，也看到你最差的一面。无论你是否乐意，你都很可能摆脱不了和他们的关系，哪怕你主观决定再也不跟他们说话。对，我说的正是你的家人。对很多人来说，这是另一个很大的压力敏感因素。我们的家人非常了解我们是什么样的人、曾经又是何许模样，这可能让人压力较大，尤其是当我们试图摆脱过去的自己时。家人最清楚如何戳到我们的痛点。谁能比你的兄弟姐妹更气人？谁能比你的父母更会让你难堪？哪怕你成人了，也还是这样。

从某种程度上来说，所有家庭都会造成压力，但对一部分人来说，来自家庭的压力格外大，因为其家庭功能残缺或是有过痛苦的经历。如果家庭给你带来了压力，修补关系或放手向前看可能会更有益。你可以选择和家人疏远，或是被他们牢牢掌控。无论采用哪种方式，都要先意识到家庭压力，而如何管理它则根据个人情况而定。比如，选择能够提高你人际交往能力的方式，或者增强个人自尊的技巧；选择写日记及其他发挥创造力的技巧，还有朋友疗法，都对减轻家庭压力十分有效。朋友的好处之一在于，他们不是你的家人！

对很多人来说，家庭是人生中非常神圣和珍贵的部分，但也会让人充满压力。这没什么关系，你可以深深地爱家人，和他们保持亲密无间，同时也可以承认他们让你有压力。谁说生活简单了？无论如何，意识到家庭的积极因素，了解他们如何积极地影响了你的生活，这就是缓解家庭压力的一个好办法。

控制不住地担心：12. C，13. B

你很清楚自己是不是这样：什么都担心，但就是控制不了，或者是特别担心某几个方面，比如身材、给别人的印象、儿孙等。无论是哪个方面，你都会担心，担心天气、担心家人、担心宠物、担心学业、担心工作、担心社交圈子，还担心你的朋友，而对方可能会冲你翻白眼，烦躁不已地说："拜托你能不能别再担心了？"

你想说停下来没那么容易，但杞人忧天确实是个让人压力巨大的坏习惯（对有的人来说，这是种强迫性习惯）。学会停止担心能够让你更好地掌控自己的生活，改变每一天，它的力量比你想的要大得多（因为你只顾着担心了，可能都没时间想）。思维控制和暂停担心是比较好的技巧。运动也能在你难以控制烦恼时帮你暂时远离，毕竟如果你的脑子里都是瑜伽动作或是跆拳道招式练习，你就没时间和精力去担心了。放弃每天了解新鲜事的习惯没什么不好的，你已经有足够多的事情要担心了，倘或真的有重要的事情发生，你早晚也会知道。最重要的是学会如何有效地担心。担心那些你能改变的事情，并找出改变的方法。如果注定无法改变，那担心不过就是浪费时间，这样多不值得，人生苦短啊！

需要别人的持续肯定：12. D，15. B，15. C

有些人过自己的一生，他们不知道也不在乎自己在别人看来是不是很"棒"，而另一些人是靠建立和维护自我形象活下去的。如果你认为形象比内在还重要，哪怕你只是偶然这样想，那么你就容易产生形象压力。如今，人们很难忽略自己的形象，很难抵抗美貌、魅力，渴望给人"酷酷的感觉"。但一个人过于在意自己的形象是要付出代价的。如果一生都在时刻注意他人眼中的你，你可能会忘记真正的自己。你可曾想过，除了在人前展现的"你"之外，"你"又是谁呢？尽管"受欢迎"的形象对你的职业甚至自我满足具有一定重要性，但执着于形象容易带来压力，正确看待形象的问题和正视生活中的其他方面的问题同样重要。

对青少年来说，形象压力是个很大的问题，但是成年人同样也会受此影响。你可以尝试一些帮你联结内在自我的技巧。你越了解内在的自己，你的外在对你来说就越肤浅无趣。有意思的是，当你对自己的了解增多，你的形象也会跟着提升。你可能也注意到了：内心宁静并且与内在自我相处得非常舒服的人往往很特别，也很有"范儿"。

缺乏自控力、动力和条理性：13.A，13.B，13.C，13.D

因为不能控制自己的个人习惯、想法或生活，你给自己带来了很多不必要的压力。当然，你不可能控制一切，如果什么都要控制，反而会产生控制方面的压力。但是在很大程度上，你能控制自己做什么、怎么做，甚至你怎么想、怎么理解这个世界，控制好这些能为你的人生提供有力帮助，而事实上这些也是你真正需要控制的全部。相反，很多人对什么都放手不管，拿生活取决于命运或是他人的所作所为来当借口。

那我们生活中哪些方面是比较容易控制的呢？我们可以控制自己的饮食习惯、运动安排、说三道四的冲动、"路怒症"以及咬手指和铅笔头或是用完东西从不收好等不良习惯。这些都是简单的习惯，既然它们引起了压力，为什么不改变呢？改变习惯很难吗？这种困难只是一时的，而长期生活在慢性压力中会更难。试试那些能帮助你学会控制的压力管理技巧，让自己变得有条理、健康、负责任，像个成年人一样。（当成年人也很有意思，真的！）

 提 醒

关于成瘾，陷入某些成瘾行为与自控力无关。如果你对某些东西上瘾，比如尼古丁、药物、酒精、食物、赌博、性等，那么也不是你下个决心就能戒断的。过程会很艰难，而且你可能需要一些帮助。别害怕寻求帮助，这并不是软弱的表现！

控制的需求：14.A，15.A

你存在其他方面的控制问题。你知道怎样做最好，没有人比你更清楚。正是因为你完全相信自己最清楚，所以喜欢控制，而且大部分时候可能确实习惯了控制。问题是要所有人都听话（或者说是"服从"）是很有压力的。那个家伙怎么敢在高速公路上超你的车？**你可是有先行权啊！** 你的同事怎么可以不听取你对提升她团队效率的绝妙建议？**她会后悔的！** 你可能会承认自己确实需要别人安抚你的自尊心。人们应该对你的权威性表现出适当的尊重，不是吗？想要得到该有的尊重有错吗？

不，没错。我们都想要自己的成绩被人认可，健康的自尊是你的一个优势。但自尊也可能会过度，记住要保持平衡！知道自己是正确的是一回事，但要求其他人也承认是另一回事。有一些压力管理技巧可以帮助你学会放任自流、顺其自然。你不需要别人告诉你"去执行"，你跟其他的懒人不同，你的执行力一直都很强。你的难点在于"顺其自然"，这就是一个挑战，而你时刻都在准备迎接挑战不是吗？我们知道你能够做到，你自己也知道。从自我觉察的角度审视一下自我，就会让你放下很多负担。轻松一些的生活会更有趣。

你的工作 / 职业：11. C，14. A，14. B，14. D

无论你热爱还是憎恶你的工作，可以肯定的是，工作一定会给你带来压力！容易感觉到工作压力的人可能其工作本身压力就很大，比如需要赶截止日期（deadline）、和难相处的人打交道，或者为了获得成功需要承受很大压力。哪怕压力不那么大的工作，对一些人来说可能也有压力。有的人对截止日期不以为然："嘿，该完成的时候我自然会做完"，而有的人只要一提起截止日期就会焦虑得发疯。

如果工作压力属于你的压力范畴，那么你应该集中练习可以适用于办公室（哪怕在家办公）的技巧，以及针对你在工作中比较容易遇到的压力的一些技巧，比如应对很难相处的人、通过拉伸减轻久坐带来的紧张、在面对极大压力时采用深呼吸等放松方式及其他跟你工作相关的技巧。

事 实

根据世界卫生组织（WHO）的数据，日本人拥有全球最长的健康预期寿命，即"完全健康"状态下的预期寿命全球最长（以 1999 年出生的人为估测对象），达到 74.5 岁。而美国人的健康预期寿命为 70 岁，全球排名不到前十，在 191 个国家中排名第 24 位。

此外，要特别留出工作前的准备时间和工作后的减压时间。在每天工作前后都留出 15～30 分钟的时间来练习适合自己的减压技巧，为繁忙的一天提供缓冲。这样你就能将业余时间与工作彻底分割开来，不至于觉得整个生活都被紧张的工作所吞噬。哪怕你在家工作，也应该设立工作的时间界限（比如像"周五晚上不做任何工作"这样简单的限定），该放下工作时就得放下。保持平衡！

低自尊：13.D，14.D

也许你能泰然自若地应对工作压力，但你的自尊心可能会比较脆弱。没准儿一句对你体重或年龄的评价就能让你慌乱不堪；没准儿只是从街上的橱窗看了自己一眼，然后剩下一整天都因为自己糟糕的形象而信心大挫。

自尊不止关乎外貌。如果你认为某人质疑你的能力，你会不会不自然地变得有防备或突然没有安全感？为了自我感觉良好，你会不停地向其他人寻求肯定、赞扬等来增强自尊吗？有很多技巧能够提升自尊心。最重要的是，自尊心和身体一样需要维护。坚持努力，照顾自己，不断提醒自己"我很特别"，哪怕你并没有真的这么认为。

忽视自己可能会帮你暂时忘却自尊的问题，但问题并没有真正得到解决。你应该通过寻找自我肯定的途径或积极的自我对话让自己自我感觉良好。自信训练或许能够帮你降低对他人随口说出的评论的在意程度。你可以做自己最好的朋友（详见第十三章）。这需要练习，但请你相信，这样做不会有错。你值得被了解，所以试着去了解自己。你无限神秘值得探索，你有无限魅力等待绽放，你值得最好的爱。只有你开始懂得欣赏自己，别人才可能欣赏你。这是老生常谈，但也绝对是真理。

提 问

QUESTIONS?

什么是完美冥想？

舒适地坐着或者躺着，闭上眼睛，放松，专注于你的呼吸。接下来，每次你呼气时，想象自己呼出了体内所有的消极因素；每次吸气时，想象自己吸进了纯净的白光，让你充满了积极的能量。在你呼吸时，大声重复或者跟自己说"完美"这个词。在说的时候，要相信这个词形容的就是你。无论社会标准或自身标准判定你有哪些所谓的错误，你的内在都有一个完美的灵魂。

第四部分　压力反应倾向分析

最后一部分反映了你在面对压力时的反应倾向。数一数下面每列你的答案次数。

	无视	做出反应	抗击	管理
16.	A	B	C	D
17.	B	D	C	A
18.	A	C	B	D
19.	B	C	A	D
20.	D	B	C	A

答案选择次数最多的一列代表了你的压力反应风格。每类具体分析如下：

无视它：如果你在这个类别的答案最多，那么你会倾向于无视生活中的压力。有时，无视压力是非常好的应对策略，但有时它会导致情况恶化。那些本可以一早就轻易纠正的事情如果没有得到解决，就会造成越来越大的压力。你要意识到自己的这种倾向，而后才能有意识地将它作为一种策略使用。无意识地忽略压力会让自己效率更低，导致本该接纳和化解的情绪被深埋起来。要想有效利用这种无视，关键在于充分觉察生活中的压力，然后再选择什么时候无视压力、什么时候管理压力。

做出反应：如果这个类别的答案最多，那么面对压力时你倾向于做出无益甚至有害的行为。可能每次你压力大时都会翻冰箱找冰激凌吃，或是变得抑郁、愤怒、易怒、焦虑或恐慌。你可能担心过度，或是吸烟、喝酒，甚至借助药物忘记压力。总之，你对压力的一切反应都会对你产生危害，它会给精神发出"压力掌权，你为俘虏"的信号。不要当俘虏。偶尔放纵一下自己，以一种"堕落"或自怜的方式来应对压力，可能是一种享受，甚至是一种自我保护的方式，但要适可而止。压力管理才是更有效的应对方式。

抗击它：如果你在这个类别的答案最多，那你就不只是应对，而是粗暴地对待压力，一把扼住压力的心门。你拒绝让压力战胜你，但你有时做得过火了。有时，管理压力的关键就是放手，但你根本不愿意放手，除非已经从所有可能的角度进行过抗击，直到将它们碾成灰烬。诚然，这种应对方式有时确实非常高效，比如应对艰巨的工作任务、生意失败或是体重问题时可能就很适合使用这种全速有力的直接方式。这种正面抗击的能量对于消除某些压力源可能非常有效，但对另外一些就不那么理想。学会针对不同种类压力的各种压力管理技巧能丰富你应对时的选择。要把放松放在第一位！

管理它：如果这个类别的答案最多，那你的压力管理已经做得相当不错了。你对压力刺激的反应通常温和适中，不会那么极端。你在行动之前会给自己时间去评估情况，对你无法控制的事情也不会过度担忧。可能有时候一些事情让你感觉很差，但你了解不是每个人做的每件事都是关于你的（绝大部分时候不是）。好样的！当然，即使做得好，也还是存在进步的空间。学会更多、更好的方法能帮你应对未来可能出现的压力——这些压力大家都会经历。

你的压力管理画像

留出日记本或笔记本中的一块地方，用来记录压力测验的结果。记上日期，然后开始练习本书所讲的一些压力管理技巧，几个月后再做一次测试。

根据你的结果记录下你的一些感受，包括：你开始感觉不好之前能承受多少压力？什么会刺激你产生压力？哪些是你脆弱的地方？你做出的反应如何？

这就是你的压力管理画像。了解这个画像能帮你选出最适合自己的技巧，制订出最适合自身情况的压力管理计划。

压力管理策略组合

你对自己生活中的压力已经了解了许多。现在可以针对个人需求制订计划了。在本章中,你将设计自己的压力管理策略组合,为进一步的管理计划做铺垫。

大局观：建立自己的压力管理策略组合

这一章中的绝大部分都需要你自己写，但不会要求你一天完成。你可以在读完后面的章节，了解了多种不同的压力管理方法之后，再翻回到本章，记录下你的想法以及尝试某些技巧之后的效果。

你可能已经猜到了这个压力管理策略组合并不是固定的。把方法记下来，试一试，调整一下，再试一试别的，找出对生活某个方面有效的方法，然后再继续尝试针对其他方面的方法。压力管理策略组合和投资组合非常相像。如果你持续观察市场，并且根据市场变化来买卖股票，你的投资组合不会总是一成不变。就像市场一样，你的生活也一直在改变，所以你的压力管理策略组合也会改变。在针对自己的情况进行策略设计、调整和执行的过程中，你也要细心观察生活中的压力。压力变了，压力管理策略也该随之改变。

在研读本章的时候，你可以给第四章加一个书签，便于随时查看你的个人压力画像。你需要经常参考它，利用它来设计压力管理策略组合。策略越是量身定制，对你会越有效。

事　实

FACTS

最近，英国的一项研究显示，20名患有高血压的人用37分钟完成了一个数学测验，而没有高血压的人只需要10分钟就能完成同一个测验。

压力管理策略组合是根据个人压力画像的整体及细节内容制定并持续实施的行动计划。想想你完成个人压力画像后的整体印象，这个印象会帮你勾勒出压力管理策略组合的大纲或轮廓。个人压力画像的具体细节会帮你选出相应的压力管理策略。

压力管理随笔

除了在这本书中记录你的压力,另一个最简单但也最有效的压力管理策略就是记录压力随笔。你可以在压力随笔中记录压力测验的结果,写一写你的压力画像,记录压力管理策略,其中包括你尝试过哪些策略,何时尝试以及效果如何。

你还可以在随笔中记录每一天的压力来源,以及你选择了哪种压力管理方式。你可以记录下,在你已经使用过的压力管理策略中,哪些成功了哪些失败了,看看为什么有的有效而有的无效,你甚至还可以在随笔里好好倾诉一下压力的苦水(这本身就是一种压力管理技巧)。把你的压力来源和应对方法写下来,这有几方面的好处:

- 每天写下压力来源,能够帮你明晰生活中的压力,你能由此觉察到之前没有注意过的压力来源及压力模式。
- 写一写你的压力以及你实际的处理方式,这会帮你发现压力管理策略在什么时候有效,什么时候无效。你还会发现自己对生活中的压力有何感受,对自己在管理压力方面的付出有何感受。写作本身就是一种探索。
- 如果你是那种倾向于无视压力的人,把它写下来就会让你不得不正视它。如果你倾向于和压力较劲,那么用笔战胜压力比说出或是做出以后会后悔的事情要健康得多。如果你倾向于对压力做出点反应,那就写在纸上吧,这比陷入坏习惯要健康许多。

什么形式的压力随笔都可以,你可以写在便笺本上或者精装记事本里,也可以写在电脑里。无论选择哪种,都得是你喜欢用的。你可以把自己的压力来源列出来,写几段自己的感受以及你为此都做过什么。找一种适合自己的方式来写压力随笔。

　　写随笔最难的部分就是养成每天写的习惯。和其他习惯的养成一样，你可以先学会做压力随笔记录，然后自律一点就能坚持下去，最后你会庆幸自己培养出了这个习惯。训练自己每天写压力随笔本身就是一种压力管理的成功尝试，另外你还会发展出对压力的觉察能力，因此付出是非常值得的。

> **E**
> **ESSENTIALS**
> **重　点**
> 只要整理好生活中的一个方面就能减轻很大的压力。今天晚上不如先别看电视，收拾一下让你心烦的放袜子的抽屉、厨房的杂物抽屉，还有令人抓狂的衣柜。选定一件事去做，而且只做这件事。你会很惊讶，原来只是整理一个抽屉或衣柜就能让自己感觉好很多。

把压力随笔用起来

　　一旦找到合适的记事本，就可以立刻开始记录你的压力管理计划了。在完成了上一章的测验并分析了结果之后，你对自己的压力及其影响的整体印象如何？想一想，然后记在记事本里，写完以后可以经常回顾，看看自己的整体印象有没有变化。你可以在标题位置写上"我对压力画像的整体印象"。

　　接下来就可以更具体地分析你对压力的感受和发现。

生活中哪些方面是成功的

　　你已经回答完了第四章的问题，那么在做题的时候你可能会注意到自己（在应对压力时）呈现出的一些模式和趋势了，如果还没有的话，现在回顾一下，找一找。你可能还发现了自己在生活中的某些方面处理得相当好。有些东西确实起作用了！如果没发现的话，那就好好想一想。认识到什么在你的生活中起作用，能帮你了解都有哪些方法和态度可以运用到你生活中其他未起作用的地方。

生活中的哪些事情相当成功？哪些部分通常让你感觉不错？你在压力管理方面取得了哪些成功？高效的方法是什么？最好的、最支持你的人际关系是什么？哪些积极的特质在生活中能够呈现出来？再花点时间想一想哪些是成功的。把上述这些记在随笔里，这就是"生活中成功的部分"。

提 醒

雌激素能降低年轻女性患心脏病的风险，但压力会引起雌激素下降，并使斑块堆积。1999 年的一项尸体解剖研究发现，大部分女性在 35 岁时冠状动脉中已经有大量斑块堆积，而研究者认为这是由压力造成的。

生活中哪些方面还不如意

现在想想，你可以改善生活中的哪些方面：每天的时间不够用？和伴侣需要多一点浪漫？养成更健康的习惯？家里要更整洁？亲子关系要更和谐？要更坦诚地和朋友沟通？

列出生活中你想要改善的方面，只要能将这些方面存在的过多压力妥善处理，你就能获得更好的生活体验。你可以在随笔中列出"我想要改善的方面"。

确定你的策略

翻回到第四章,把你的压力画像结果记在随笔里。本书后面的内容包含多种不同的压力管理技巧,你要在头脑中带着自己的压力画像读下去,每一个方面都可以对应一些技巧。你在了解不同技巧的同时,可以尝试一下将它们用在画像的不同方面。

记录你的测验结果

在随笔中记录测验结果并进行反思,你可能需要一个类似下面的模板,你也可以自己复印几份这样的模板夹在记事本里。

✓ 我的压力管理档案 ✗

日期：_____

我的压力承受极点是（单选）：

☐ 刚好有点高　　　　　☐ 太高

☐ 刚好有点低　　　　　☐ 太低

我认为自己处在（单选）：

☐ 压力承受极点之上　　☐ 压力承受极点上

☐ 压力承受极点之下

为了保证我现有的压力水平与我的压力承受极点持平或相近，我做了怎样的努力，还有哪些不足：

_____

总体来讲，我的压力刺激点是：

_____

环境方面：　　　　　　　生理方面：

_____　_____

_____　_____

个人方面：　　　　　　　社交方面：

_____　_____

_____　_____

对我的压力刺激点可能有效的管理技巧有：

_____

关于压力敏感因素，我认为我是一个（单选）：

☐ 内向的人　　　　　　　☐ 外向的人

我想要去试试_____、_____和_____这些跟我的性格比较匹配的压力管理技巧。

当与下列因素相关时，我会特别容易有压力（多选）：

☐ 工作　　　　　　　　　☐ 自尊

☐ 自控力　　　　　　　　☐ 金钱

☐ 形象　　　　　　　　　☐ 家庭

☐ 竞争/控制/自我　　　　☐ 担心

☐ 我的受养者

我计划着重在这些方面使用压力管理技巧：

以下是我对本人压力敏感因素的观察结果：

我对压力反应的倾向是（单选）：

☐ 无视它　　　　　　　　☐ 做出反应

☐ 抗击它　　　　　　　　☐ 管理它

以下是我对自己的压力反应倾向的一些想法：

现在有了上面的记录，你很容易就能回顾自己的测验结果。再做这个测验的时候还可以利用这个模板。

下面的内容将会帮你了解该如何根据压力画像的结果选择合适的压力管理策略。

> **E** **重　点**
> ESSENTIALS
> 在服下安眠药之前，先试着从 100 慢慢倒数到 1，并在头脑中想象出每个数字的样子。你可以把它们想象得好看一些，有静谧的颜色，也可能是漂亮的字体，或者是白云拼成的形状，挂在蔚蓝天空之上。慢慢呼吸，想每个数字时都深深地呼吸。

管理压力承受水平的策略

无论你的压力承受水平是"刚好有点低"，或是"太高"，抑或是在不同方面有不同的情况，管理压力的重点就在于让压力保持在健康的承受水平上下。如果你的压力水平是"刚好有点低"，那你需要有意识地剔除生活中多余的压力才能继续享受低水平压力下的最佳状态。想一想，你在生活中进展还不错的方面是如何保持较低压力的？提前为那些压力必然增多的时期做好准备。

如果你的压力水平是"刚好有点高"，那么你仍需要持续地将压力维持在刚好适合你的水平上。你也许比其他人能多承受一些压力，但还是有可能压力过大。能培养你身心觉察能力的技巧会在你压力过大时提醒你注意。比一般人能承受更多压力的人倾向于忽视自己的压力水平，认为自己什么都能承受，但其实我们的承受能力都是有限的。

不管你的压力水平是"太高"还是"太低"，你都需要计划。你打算如何消除一些压力，或是如何健康又有效地给生活增添一点刺激，来达到健康的压力承受水平?太多的压力对身体有害,太少(达不到个人所需)则会让你的生活过于沉闷。

在随笔中记录压力承受水平可以提醒你。在你读本书时,把你觉得听上去还不错的策略都记下来,并在试过之后写一写它们的效果。最后,把坚持记录也作为压力管理策略组合的一部分,每天或者每周都坚持完成。

记录各种技巧的效果很重要。也许短时间内你能记住一些效果,比如某个草药疗法效果不错,或者某个放松技巧很枯燥,但这些内容你可能一个月后就忘了,到那时你就会庆幸还好当初及时记了下来。

你可以根据下面的模板来记录这一部分的随笔,或者复印几份空白的模板夹在记事本里。

我的压力承受水平是:_____

想要尝试的压力管理技巧	尝试频率/持续时间(比如每天一次还是两周一次)	这个技巧对于保持健康的压力承受水平有效程度如何(等级 1~10)	坚持还是放弃该策略

> **E ESSENTIALS** **重 点**
> 消化不良是一种常见的应激反应，因为应激反应会给身体传递信号，让消化系统的血液流出。下次你再遇到消化不良的问题，不要忙着吃药，试试静坐五分钟，深呼吸，细细品尝一杯酸奶。酸奶里的益生菌也许能帮你促进消化。

管理压力刺激点的策略

无论是新换了室友、得了流感、结婚、考试不及格、怀孕还是驾车超速被罚款，所有这些压力刺激点都会给你的生活增加压力。控制压力承受水平的关键正是管理压力刺激点。还记得吗？压力刺激点分为四种类型：环境、个人、生理和社交。你的压力刺激点大多属于哪一种将决定你该尝试哪些策略。

你要在随笔中记下自己的压力刺激点所属类别（回顾上一章的压力画像），然后可以根据要消除或缓解的具体刺激点来决定压力管理策略的尝试计划。

在你继续读本书后面的内容时，可以翻回到这个部分，把你认为可能解决某类压力刺激的技巧记下来，比如，改善你的饮食习惯、增加日常运动或许能够解决小病不断这种生理类压力；社交压力也许能通过朋友疗法或是经常有意识地维护自尊来有效解决。不知道哪些压力管理技巧针对哪些压力类别？别担心，我肯定会在讲解每个部分时及时提示，你只要记下你觉得值得一试的办法即可。

无论属于哪种类别，大多数压力刺激点都是单独解决最好。把你的每个压力刺激点都列出来，然后写出你决定尝试的方式。同样地，以后你也会庆幸把这些记了下来，因为这不仅能够帮你在较长一段时间之后记得哪个方法有用哪个方法没用,还能通过白纸黑字让你看到自己主动管理压力的努力,而不是被压力刺激点牵着鼻子走。

提 醒

看看你拿电话的方式。很多人用肩膀和脖子夹着电话,腾出手来做别的事。这个姿势会让颈部肌肉过度用力收缩,还会导致颈椎受伤。如果你经常打电话,那就买一副耳机吧,对手机也特别适用。

一次只解决一个压力刺激点,把你尝试过的策略及其效果记在随笔里。你可以参考下面这个模板:

我的压力刺激点	尝试过的策略	尝试后的效果

调整压力敏感因素的策略

了解"压力敏感因素"或是生活中特别容易让你产生压力的具体方面，是利用特定的压力管理技巧对症下药的好机会。无论你是在工作、家人还是自尊方面比较敏感，你都能找到适合你的技巧，然后在随笔中把它们记下来。

你读这本书的时候，可以记下那些吸引你的针对压力敏感因素的技巧。如果某个技巧对某个特定的生活场景格外有效，我会及时指出。比如，债务管理策略对管理经济压力特别有效，这是个显而易见的例子。还有一些效果不那么明显，比如，视觉想象能有效地提升自尊。下面这个模板可以用来记录你的压力敏感因素：

我的压力敏感因素	尝试过的策略	尝试后的效果	坚持还是放弃该策略

> **E 重点**
> ESSENTIALS
> 一杯甘菊茶能帮你在睡前放松。甘菊茶中含有舒缓压力的成分，喝的过程也是放松的体验。把关注点放在口感、气味、水温、水汽和茶杯上，还要关注喝下茶的感觉，这能帮你在忙了一天之后平复思绪，更好地入睡。

调整压力反应倾向的计划

你可以在本小节审视一下自己的压力反应倾向。把你倾向于做的事情记录下来，分为有用的和不太有用的，或是对你的身体、情绪或精神健康有害的。

在第四章中，你把自己的"压力反应倾向"分为了四类：无视它、做出反应、抗击它和管理它。不同的压力类型可能会有不一样的反应方式。要通过随笔定期审查一下你的压力反应倾向，看一看自己的变化。往后你同样会庆幸将这些细节记了下来。

你可以利用下面这个模板，每周都在随笔里观察自己的"压力反应倾向"，这样坚持六周。你每周都可能用各种不同方式回应压力，把它们都列出来，描述一下你所回应的压力是什么类型的。帮助自己健康有效地应对压力的最好方式就是对自己的反应保持了解。在每一项的第二列中，写一写你可以用哪些更有效的方式加以应对。（如果对压力的反应不错，那就奖励自己，谁说成年人不能得小红花！）

我的压力反应

	本周	下周计划
第一周 （日期：___到___）	1._____ 2._____ 3._____ 4._____ 5._____	1._____ 2._____ 3._____ 4._____ 5._____
第二周 （日期：___到___）	1._____ 2._____ 3._____ 4._____ 5._____	1._____ 2._____ 3._____ 4._____ 5._____
第三周 （日期：___到___）	1._____ 2._____ 3._____ 4._____ 5._____	1._____ 2._____ 3._____ 4._____ 5._____
第四周 （日期：___到___）	1._____ 2._____ 3._____ 4._____ 5._____	1._____ 2._____ 3._____ 4._____ 5._____
第五周 （日期：___到___）	1._____ 2._____ 3._____ 4._____ 5._____	1._____ 2._____ 3._____ 4._____ 5._____
第六周 （日期：___到___）	1._____ 2._____ 3._____ 4._____ 5._____	1._____ 2._____ 3._____ 4._____ 5._____

提 醒

背痛主要体现为下腰痛。下腰痛是生活中压力太大的一个信号。关注你的身体,听取背痛给出的信号,适时地让生活步调慢下来。如果背痛一直持续或越来越严重,请咨询专业医生。

勾勒出你的压力地图

有的人天生就不爱写作。如果你写不出来或者就是不喜欢写,那坚持记随笔也不会太有帮助,反而给待办列表增加了一件永远不会完成的事情,徒增压力而已。如果你是这种类型,可能画一幅"压力地图"更适合你。画压力地图和写压力随笔类似,不过不是用文字,而是用图片、符号、标记来描述出你的压力。

把压力地图当作一幅城市地图来画,用一幢幢建筑物代表一个个压力来源,地区代表压力敏感因素的所属类别,用街道连接每个压力来源,比如将缺乏运动和关节痛相连,将经济问题和花钱时缺乏定力相连。用单向街道代表直接的因果关系(失眠→缺乏睡眠,膝盖受伤→慢性疼痛)。

即使你不擅长美术也没关系,因为压力地图只需要简单地画一画基本形状。你愿意的话,也可以画成一幅画,重点是找到一种让你更舒服的表达方式,能帮你从视觉上直观地看到不同的压力之间是如何相连的,了解个别压力源是在哪里出现的,哪些压力只是其他压力的连带影响。消除或者有效管理某一个压力源也许可以同时消除几个其他的压力源。

建立你的压力管理目标

前面我们花了许多时间培养压力意识，因为认识到压力特别重要。但这只是压力管理的第一步，明确定义目标也很重要。你想要变得更加专注？少生病？不再朝孩子吼？工作更有效率？不再被慢性疼痛困扰？缓解抑郁？还是所有的都想实现？

考虑一下你的压力管理目标。你想要实现什么？你当初为什么购买这本书？可能你一开始就有一些目标，哪怕只是希望自己不要再一直感觉压力这么大了。仔细思考后，记录下来。这个部分是压力管理策略组合的重要组成部分，它和压力画像一样是时刻变化的。完成了某些压力管理目标后，自然会定义新的目标。现在就列出你目前的压力管理目标。别发愁，也别想现在立刻就把所有的目标都完成。你可以随时记下自己的新目标，并在完成旧目标后就划掉它们。

> **E** **重点**
> ESSENTIALS
>
> 当你感到压力大时，停下来注意一下自己的表情：你的脸愁得都挤成一团了吗？前额有皱纹吗？眉头紧皱吗？使劲抿着嘴吗？有意识地放松你的前额，抬起你的下巴，然后微笑。你只要稍微调整一下自己的面部表情，就能感觉好很多。（看起来也会更好看！）

将压力管理计划付诸行动

分析完压力源，你已经发现了生活中哪些方面进展得好，哪些方面进展得不好，思考了所有想要尝试的减轻压力的方法。那还等什么？开始减压吧！

想在一开始就弄清楚从哪里开始似乎有些难度，看到自己有那么多的问题和想法，你可能会感到有点迷茫，甚至受挫，你可能会觉得自己永远都无法缓解这么多压力。

但是请你记住，如果你不主动了解这些压力源，你就永远无法解决它们。而现在你已经完成了重要的第一步，并且已经开始思考怎么做了。你会不断发现新的压力管理技巧，不断把它们加到你的列表里。但现在，你需要一个有条理且可行的清单，帮你弄清从哪里开始。

先准备一个排好序的清单，再开始实施计划。选一个你觉得比较容易处理的压力源作为开始。比如，你可能知道自己需要补充睡眠。这就是一个很好的起点，因为睡眠不足会让你很难承受压力，就更别说应对压力了。

提 醒

你有没有听说过，某些压力源会通过身体某处的疼痛或肌肉紧张表现出来，比如童年时的创伤或自尊问题。这些理论可能有一些道理，但是压力对生理产生的影响或许还是因人而异。你的直觉可能会更准确地告诉你，你自己的压力到底"停驻"在身体的什么位置。或者，考虑一下个人咨询，也许有效。

把压力管理计划分解成每天要完成的目标，坚持一段时间，这样你会觉得你完全有能力完成给自己设定的任务，而且决定起来也更容易。比如，我要在 10 点睡觉，但只是今天晚上。因为一想到后半辈子每天晚上都要早睡，就会觉得是不可能完成的任务，甚至让人觉得沮丧。你喜欢熬夜，有这种感觉很正常。但如果你告诉自己只是今天早睡，这样就很容易做到。同样，你也可以决定只是今天不吃垃圾食品，或者只是今天去健身房。

在开始有健康的习惯后，你就能将目标设置为一周或是一个月。你在尝试不同的方法时，也能适时地根据自身情况来调整目标。

你的压力管理实施计划看起来可能是下面这样的：

✅ 今天的压力管理实施计划 ❌

产生压力的原因	今天的行动
缺乏睡眠： 熬夜看电视	1. 今晚不看电视 2. 先把节目录下来 3. 晚上 10 点睡觉

从你知道如何应对的简单压力源开始。随着学习的深入，你会有更多方法处理生活中那些挑战性更强的压力。

保持压力管理

学习新东西总是充满乐趣，甚至让人有些兴奋。你一开始读本书的时候，可能士气满满地想要把生活中所有让你不愉快的压力全都消灭掉，一点不留。可新鲜劲儿一过，压力管理就必须变成你要坚持的习惯。如果你不下定决心，或是控制不好节奏，一次性用力过猛，就会坚持不住。也许你已经试过各种新的生活方式，比如健康饮食、有氧运动，或者为了简化生活而扔了很多旧东西，可是你很清楚一旦新鲜劲儿过去，变得无趣了之后，你就不会坚持了。

但压力管理对你的幸福、健康和人生状态至关重要，完全值得你下大决心将它培养成习惯，变成日常生活的一部分。所以不要想一次全部完成，应该设定现实的目标，一步一步完成。每次只做一点改变，适应起来就会更加容易。一点一点地慢慢改善，最终你会达到健康的压力承受水平，那时你就会感觉超棒！

当你坚持了 90 天以后，再做一次上一章的压力测验，并记录测验结果。如果需要的话可以修改你的计划，生活的某些方面渐入佳境后还可以再调整你的策略。接着，再填一次你的压力画像，在随笔中记录结果，然后再次制订计划，根据压力画像的变化调整自己的策略。

提 醒

紧张性头痛能毁掉你的一整天，做什么事情都会充满压力。一旦你感觉到头痛要来，可以马上用热水（不要太烫）冲手 10 分钟。这会促进血液从头部流向双手，能够避免紧张性头痛。

打造抗压的体魄

现在是时候学习压力管理的策略了。对不同的压力管理技巧了解越多，你真正需要它们的时候就有越多的选择余地。本章会讲几个最基本的减压方法，你可以今天就开始尝试。本章将提供一些简单的策略，用以培养身体和精神的基本素质，帮你处理生活中无法避免的压力。

用睡眠赶走压力

想要打造能抗压的身体,首先也是最重要的事情就是保证充足的睡眠。根据 2000 年美国国家睡眠基金会(www.sleepfoundation.org)的综合睡眠调查数据,43% 的成年人表示自己每个月都会有几天因为白天太困而影响日常活动,20% 的成年人表示这种困倦频率达到了每周至少有好几天。

> **E** **重 点**
> **ESSENTIALS**
> 难以进入熟睡状态吗?睡前喝一杯温牛奶是有科学道理的。牛奶包含色氨酸和钙,两者都会提升血清素水平。血清素是你的身体为了引发睡意而释放的化学物质,也会让你有个好心情。但如果你对牛奶消化不良,那么这个方法可能会让你睡不着,而不是帮你入睡。

如果你还想了解更多因缺乏睡眠而影响生活的证据,看看下面这些来自美国国家睡眠基金会的调查结果:

- 在全美的劳动力中,超过一半(51%)的人称,工作时的困倦感影响到了他们所完成的工作量。
- 40% 的成年人称,困倦降低了他们的工作质量。
- 至少有 2/3 的成年人(68%)称,困倦使他们无法集中注意力,66% 的人称,困倦让他们更加难以应对工作上的压力。
- 将近 1/5 的成年人(19%)称,困倦导致他们偶尔或者频繁地出现工作失误。
- 总的来说,员工在困倦时的工作质量和数量会缩水 30%。

- 超过 2/3（68%）的倒班员工说自己有睡眠问题。
- 将近 1/4 的成年人（24%）每周至少有两天难以起床工作。
- 如果公司允许的话，1/3 的成年人会在工作时午休。（调查显示只有 16% 的员工称他们的雇主允许午休。）

此外，超过 30% 的美国司机承认他们在开车的时候至少睡着过一次。根据美国国家睡眠基金会的数据，将近 10 万起交通事故是因为司机在驾驶途中睡着了，致死人数达 1500 名。天哪！

对年轻一代或是 18～29 岁的人群来说，这个数据更加可怕。根据调查，超过 50% 的年轻人称他们起床后感觉睡不醒，33% 的人白天明显困倦，而这个比例比上夜班的人还稍微高一些！

事 实

对于治疗偶尔的失眠，草药比助眠类的处方药或非处方药更加天然，刺激也更小。英国的一项研究发现，通过雾化器释放薰衣草精油治疗失眠的效果和处方药一样好。

许多年轻人称熬夜是为了看电视或上网，53% 的人称睡得少是为了完成更多的事情。因为缺乏睡眠，年轻人的工作压力更加严重。

- 超过 35% 的年轻人（18～29 岁）称起床上班有困难（在 30～64 岁的人中这一比例为 20%，65 岁以上的人为 9%）。
- 将近 25% 的年轻人称他们偶尔或频繁因为困倦而上班迟到（在 30～64 岁的人中这一比例为 11%，65 岁以上的人为 5%）。
- 40% 的年轻人每周至少有两天会在上班时感到困倦（在 30～64 岁的人中这一比例为 23%，65 岁以上的人为 19%）。

- 60%的年轻人称过去一年中曾在开车时昏昏欲睡,而24%的年轻人称曾在开车途中睡着。

睡眠匮乏对身体也有重大影响。一般成人每晚需要8小时的睡眠,青少年每晚需要8.5~9.25小时的睡眠。如果睡眠不充足,你将会有下列表现:

- 更易怒
- 抑郁
- 焦虑
- 注意力不集中、理解信息的能力下降
- 犯错和出意外的可能性增加
- 更加笨拙、反应变慢(驾驶中会很危险)
- 免疫系统受抑制
- 不良的体重增加

不幸的是,即使我们准时上床,睡眠障碍也会影响我们的睡眠。这些睡眠障碍包括失眠、打鼾(自己打鼾或者是旁边有人打鼾让你无法入睡)、呼吸暂停(睡眠过程中呼吸不畅)、梦游或说梦话(异常睡眠),以及不宁腿综合征(腿部在休息时出现难以忍受的不适)。另外,时差或夜班也会引发睡眠失调。

保证得到充足睡眠需要从两个方面着手:

1. 留出充足的睡眠时间。
2. 治疗睡眠障碍。

如果你没有睡眠障碍,只是需要留出时间睡觉,或是你有充足的时间睡觉,但有睡眠障碍,那么你只需要从一个方面入手。无论是哪种情况,如果没有得到充足睡眠,你就是在增加压力、损害身体,你的潜能很可能远远没有发挥出来。你的睡眠很重要，它应该是你进行压力管理时首先要处理的事情。

无论你是哪种情况，下面的压力管理策略都能让你很快睡上好觉。

提 醒

不宁腿综合征是一种睡眠障碍。美国国家睡眠基金会表示，它的症状是当腿部处于休息状态时，有活动双腿的冲动，通常伴有不适的感觉，比如蠕动感、刺痛感、抽筋、烧灼感或疼痛感。而有的病人只是存在想要动动腿的欲望。当病人试图躺下或是静坐时，症状会加剧。治疗的办法也是多种多样，从放松练习到用药治疗都有。

压力管理策略：睡眠

等你下定决心要获得好的睡眠质量时，你就会发现压力管理的基础也在变好。如果你想开启每晚八小时的高质量睡眠，下面有一些小建议：

- 弄清楚为什么你睡眠不足，然后下决心去改变自己的作息规律。白天你都在哪些方面浪费了时间？你该如何调整时间，早点完成工作，以便早点上床？或者调整时间实现晚一点起床？如果你熬夜是为了看电视、上网，可以尝试几个晚上切断那些花式媒体信息的干扰，看看额外的睡眠会怎样影响你的心情和精力。
- 给自己建立睡前的仪式。那些家里有不爱睡觉的孩子的家长通常了解这个建议，其实这对成年人也有用。你的睡前仪式应该包括一系列的步骤，用以引导你放松，比如泡澡或淋浴，然后花几分钟深呼吸，或是其他的放松技巧：喝一杯花茶，读一本好书而不是看电视或电脑，做背部、颈部或是足部的按摩，写日记，最后关灯。

- 不要养成看着电视入睡的习惯。一旦有了这个习惯，在没有电视的时候你所需要的入睡时间可能会更长，或者干脆就睡不着了。如果你已经习惯这样了，那么可以尝试一些放松技巧。
- 如果你觉得睡觉是浪费宝贵的时间，应该用来完成其他事，那就不断提醒自己：睡眠就是在帮你完成其他事。当你睡觉的时候，身体正在自我疗愈，通过储存能量来恢复精力，促进细胞再生或生长，同时巩固记忆，还会通过做梦来释放情绪。你在睡觉时其实就是在高效产出，而睡个好觉之后你会变得更加高效。
- 睡不着也不要太焦虑。偶尔晚上睡不好也不会对你有太大影响，只要平常大部分时间能保持睡眠充足就可以了。你可以开灯找点东西读一读，而不是干躺在黑暗中或沮丧地辗转反侧。让自己舒服一点，喝点温牛奶、甘菊茶，冥想，不要再琢磨让你忧虑的事，不要逼自己入睡，想一想愉快的事，调整呼吸。这样即使你没睡着，至少也放松了。接着，你可能很快就能感觉到睡意。

事 实

多娜·法喜（Donna Farhi）在《呼吸之书》(*The Breathing Book*) ⊖ 中推荐了一个治疗失眠的方法，在睡前给前额、眼睛和太阳穴轻轻地围上一圈软布，向面部肌肉稍稍施加压力能帮你很快放松。

如果你难以入睡，请试试下面的建议：

⊖ 《呼吸之书》：亨利·霍尔特出版公司 1996 年出版。

- 如果你难以入睡，就不要在午饭后摄入任何含咖啡因的东西，包括咖啡、茶、可乐及各种碳酸饮料（查看标签）；某些非处方类的止痛药和感冒药（查看说明）；提神醒脑的兴奋剂；甚至巧克力。
- 晚餐要吃得健康适量，尽量吃低脂食物、低碳水化合物，比如新鲜水果蔬菜、全谷物，不要吃细粮。鱼肉、鸡肉、豆类这样的低脂蛋白有助于身体在睡前进入更加平静和安定的状态。避免在晚上摄入高脂或过度加工的食品，不然很可能会因为消化问题而无法入睡。（你肯定能想得到彼时的场景——凌晨 3 点醒来，绝望地发现肠胃依然鼓胀……）
- 晚餐吃得简单一些。晚餐吃得太晚、太丰盛会让消化系统吃不消。想要夜间平稳睡着，晚餐应尽可能简单适量。
- 至于晚间零食，可以吃一些富含色氨酸的食物，这种氨基酸在体内可转化为血清素，而血清素有助于睡眠。血清素也能调节情绪，让你感觉更好。富含色氨酸的食物包括牛奶、火鸡、花生酱、米饭、金枪鱼、枣、无花果和酸奶。睡前 30～60 分钟吃一点这些食物，都会有助于安逸地入睡。
- 不要在晚上喝酒。很多人认为喝酒会有助于入睡，但酒精实际上会扰乱睡眠规律，让你的睡眠更不平稳。另外，酒精可能会加剧打鼾和呼吸暂停的症状。
- 白天充分锻炼。身体得到充分锻炼有助于缩短入睡时间，还可以使你睡得更久、更踏实。
- 如果你尝试了上述方法，但仍有睡眠问题，就应该去咨询医生。研究发现，三分之二的美国人从未被医生问询有关睡眠的情况，而 80% 的人也从未主动和医生提起过自己的睡眠问题。跟医生讲一讲你的睡眠问题，他可能会有很简单的解决办法。

E
ESSENTIALS

重 点

如果你因压力太大而睡不着,就喝杯花茶放松一下。花茶可以从三个方面帮你放松。首先,柠檬香蜂草、甘菊或混合花草茶有助于放松身体、促进睡眠;其次,煮水烹茶、热气氤氲,这个过程也能让你身心慢下来,帮你放松心情、专注心神;最后,喝茶时也需要静坐和慢慢细品。夜间品茶,宛如一种仪式,让你在茶香中享受身心的宁静与放松。很快,你就能安然入眠。

压力管理策略:补水

有时候,当你感到焦虑时,对身体最有益的事情就是喝一杯水。人体有三分之二都是水,但很多人存在轻度脱水(因为水分流失,体重轻了3%~5%)而不自知。严重脱水(水分流失10%以上)会出现危急症状,甚至导致死亡,而轻度脱水不太容易被发现,更有可能发生在高强度运动之后。高温天气、节食、呕吐腹泻、生病、食物中毒或者饮酒过多也有可能导致轻度脱水。

体内的水分不充足时,身体就会感受到压力,于是调动体内资源应对其他压力的能力也就会下降。

你有没有出现脱水情况?脱水的症状包括:

- 口干
- 晕眩
- 头晕眼花
- 尿液颜色深(应该是淡黄色)

- 无法集中注意力
- 迷糊

提 醒

缺水对婴儿和幼童来说非常危险，尤其是当他们有肠胃疾病时。如果你的孩子口干、眼窝深陷、尿液颜色深、无精打采，或是囟门凹陷（婴幼儿颅骨结合不紧所形成的颅骨间隙），就应该马上带他去看医生。脱水对老年人也很危险，因为他们不一定能注意到症状，而且往往喝水也不多。

人们容易缺水的一个原因是含有咖啡因的饮料喝得太多了。你觉得喝了一听可乐能够迅速解渴，实际上可乐里的咖啡因利尿，会让水分流失得更多。

缺水的另一个原因也很简单：大家喝水不够多。虽然对大部分人来说，白水曾经是主要的也是唯一常见的饮用来源，而现在人们能轻易买到而且也更愿意喝苏打水、含糖的果汁，或是咖啡和茶。尽管瓶装水哪里都有（一般比很多地方的自来水安全），但有些人很少会喝这种没有任何添加的白水，甚至从来不喝。

然而，水能给身体带来很多好处，其中一个重要的好处就是抗压。有数据表明，如果你缺水，你可能觉得没事，但你的身体很可能无法及时调动精力来实现压力管理，因为它正忙着解决缺水带来的问题。

多喝水是最容易做到的事情之一。体内水量充足时，你会感觉更好，你的皮肤也会更有光泽，体内的能量也会更多。所以，多喝水吧！

同样，喝水是一种习惯。如果你没有养成这种习惯，那么在喝了几天白水以后，你可能又回到每天喝五罐无糖汽水的日子中。下面的一些建议能帮你养成这种健康的习惯：

- 如果你真的不喜欢喝白水，可以试试几款矿泉水，矿物质能增添水的味道；你也可以在白水里加一点柠檬、青柠或橙子。如果你非得要喝那些有气泡的水才行，那就喝苏打水而别喝汽水。还不行？那就用一半白水或苏打水稀释鲜榨果汁（不加糖的那种）。
- 在理想情况下，你应该每天喝约1.8升水，即八杯水。听起来很多，但如果分配到一整天就没多少了。早上先喝500毫升，中午、晚餐、晚上再分别喝500毫升。如果你出了很多汗或做了很多运动，那就再加500毫升。
- 饥饿感离我们已经太遥远了，所以我们常常把渴当作饿，其实我们需要的可能就是一大杯水。如果你在每顿饭前或两顿饭之间感到饿的时候喝上一杯水，应该就能满足身体所需，还能防止过度饮食。

改掉坏习惯

坏习惯不仅时常困扰我们自己和其他人，还会带来压力，许多坏习惯还会影响身体健康、情绪稳定以及心智敏锐。想要打造出能够管理压力的身体，就要先从改掉坏习惯开始。这些坏习惯本身就是应该被杜绝的压力。

习惯产生压力的三种方式：

（1）<u>直接影响</u>。许多习惯对身体有直接的负面影响，比如吸烟、酗酒、药物依赖都会使身体摄入有毒或有害物质，导致身体功能受损或成瘾，甚至加速疾病的产生。习惯还会直接影响我们的情绪和大脑功能。醉酒、注意力太分散或其他损伤都让人更容易出现意外、情绪剧烈波动，还有犯错。当你的身体或心灵直接受到习惯的负面影响时，压力水平也会升高。

（2）**间接影响**。习惯对压力水平有间接影响。知道自己前一天晚上喝得太多、熬夜到太晚、吃得太多会给第二天上午的工作生活增加挫败感、降低自尊心。如果你前一晚没有控制住坏习惯，压力就会更大。有些人可能会评论你的指甲难看，你会感到尴尬或对自己生气。之后你可能冲一个朋友发火，然后为自己缺乏自制力而感觉糟糕。被习惯控制会让自己感觉无力，因为你会担心自己缺乏自控力，担心自己的坏习惯对其他人产生影响，担心坏习惯对健康有害。这些都会带来压力。

（3）**复合影响**。有些习惯既有直接的又有间接的负面影响。绝大部分坏习惯都是如此。任何对我们有负面影响的事，或者我们本该控制却最终失控的东西，往往会影响我们的情绪状态和自尊心，进而导致相应的压力。比如强迫性进食对身体是有害的，因为身体本来就无法一下子承受大量的食物；这样做还会导致一些负面的情绪，比如挫败感、抑郁和焦虑。即使是生活杂乱无章这种没有那么夸张的坏习惯，也会产生复合的作用。比如，如果你总是没办法保持整洁，就会一直因为找不到东西而感到挫败，因为缺乏管理而遭受经济损失，因为除你之外其他人都能整理好东西（当然这不是事实）而感到自卑。

> **E** **重 点**
> **ESSENTIALS**
> 态度和性格决定了行为，而行为反过来也能决定态度和性格。不要屈服于"我就是改不掉抽烟、暴食或打扰别人的习惯，因为我就是这种人"这样一成不变的想法。就一天，假装自己并不是那样的人，假装自己没有那样的坏习惯。其实做起来比你想得简单，很快你就会发现自己可以一直做得很好，因为你本来就是那样的。

有些习惯是好的，比如一直保持整洁、有礼貌、坚持饮食均衡，你自己可能也清楚这些习惯对你有好处。

有些习惯无所谓好坏，比如你总是吃你最喜欢的麦片，总去同一个加油站，或是爱在刷盘子的时候哼歌。只要没有打扰到任何人，就都没有问题。

另一些习惯就没那么好了。什么算得上坏习惯呢？就是让你不太健康、不怎么开心的习惯。哪怕你在保持这个习惯时"感觉"是好的，但你知道这只是一时爽而已，比如在逛商场时在不需要的东西上花了 400 美元，一时兴奋不已，但刚到家就把东西扔到一边，这时你会开始感觉内疚、后悔，甚至开始责怪自己。这是习惯控制了你，而不是你掌控了习惯。

你可能觉得咬指甲、玩头发、吃东西吧唧嘴、看电视或是做事拖沓这类习惯没有办法解决，但这毕竟只是个习惯，习惯是可以改变的。怎么改变呢？首先要确定你的习惯真的是坏习惯。如果你确实很享受每天早上喝一杯咖啡的话，那可能还好；如果你被习惯控制，整天都需要灌大量的咖啡，不喝就会感到惊慌、什么也做不了的话，那这就是个坏习惯。

一旦你确定自己有坏习惯（大部分人都会有那么几个），那下一步就是找出你的坏习惯，确保自己了解为什么这属于坏习惯。当你认识到并承认这是个坏习惯后，就可以努力控制它了。我们来看一些常见的坏习惯，以及它们是如何给你带来压力的。看看你能不能从中找到自己的影子。

提 醒

如果你的坏习惯成瘾了的话，那么一般的习惯控制法可能不适合你。成瘾包括吸烟、吸毒、酗酒、赌博或是性瘾，这比一般的习惯更复杂，可能会威胁生命或是毁掉你的一生。当这些坏习惯和你的生理因素或复杂的心理过程有关时，你就需要额外的帮助，比如说戒烟治疗、心理咨询或定期去康复中心，与专业的健康工作者或咨询师讨论一下处理成瘾问题的最好办法。

个人习惯

个人习惯是指那些可能让其他人抓狂的事情，因为你知道做了就会让其他人抓狂，所以你可能从来不在人前表现出来。个人习惯包括咬指甲、玩头发、掰指关节、吐痰、哼唧，以及习惯性地咳嗽或清嗓子，习惯性地咒骂别人，使劲嚼口香糖。你可能还想到了很多其他的行为。如果你的个人习惯让你自己或是身边的人感到厌烦（至少是那些你不愿意去打扰的人），让你觉得自己很差，或是对你有害的话，那就值得做出改变。

药物：合法药物和其他药物

药物可能是维持或重获健康的重要工具之一。但如果不是因为身体出现问题而用药，就可能会造成体内失衡，从而引发健康问题。有些人用合法的药物，比如酒精、尼古丁、咖啡因和各种处方药；也有一些人用非法药物（在某些情况下可能属于合法范畴），可能是因为药物让他们感觉良好，精力充沛，或者能帮助他们冷静下来。

偶尔用某些药物来调节自己可能对一些人来说没有伤害（比如酒精或咖啡因），但其他药物，尤其是可卡因和海洛因这样的硬性药物，对身体的伤害很大。晚餐喝一杯酒可能对没有酒瘾或者不易产生酒瘾的人来说是一种享受。但是，抽一口大麻则可能给患有哮喘的人带来生命危险，而且会立即对人体造成不利影响（即使你感觉它让你无比放松）。使用非法药物不仅会有犯法的可能，还会带来种种风险。到那时你面临的就不只是压力而是刑期了。

任何通过外力改变精神状态的药物，服用太频繁或者太多的话，情况好一点就是最多让你没法应对压力，但要是最糟的情况，它将给你增添大量的压力。尽管酒精是合法的，但也不太可能有人会否认过量饮酒的危险。诚然，在你感觉有压力或者不喜欢自己的生活时，用药能帮你分散注意力，帮你忘记现实。但长期来看，管理压力、改善情况比暂时把自己埋在"安乐乡"更有用。如果你通过药物改变精神状态、回避生活中的问题，那真的该想一想这个习惯可能造成的毁灭性影响了。

过度饮食

吃太多不仅会让你体重增加，还会让你觉得自己笨拙；晚上吃太多会使你的消化系统工作时间过长，从而影响你的睡眠质量；吃太多单糖会让胰岛素水平升高，进而导致暴饮暴食，使你陷入过度饮食的死循环；吃太多还会导致超重，可惜美国已经有超过一半的人口超重了。

饮食紊乱症是很多问题的罪魁祸首。神经性贪食症和神经性厌食症是大家听得比较多的两种进食障碍，还有一些是大家听说得比较少但非常常见的症状，比如暴食症，其背后通常有很复杂的心理原因及生理原因。如果你或你在乎的人有进食障碍，请向医生、咨询师和其他健康专业人员寻求帮助。如果不及时进行治疗，神经性贪食症和厌食症都有致死风险。

有些情况下，过量饮食只是因为习惯吃太多，比如某种对食物痴迷的文化就会鼓励多吃（但同时还希望保持苗条的身材）。吃很多美味的食物自然让人愉悦。可口的食物到处都是，而且通常不会花很多钱。只看一个小时电视就能看到许多让人垂涎欲滴的食品广告。特别是在压力大的情况下，你更加容易说服自己买个巧克力棒或是在半夜点一张双倍意大利香肠比萨——我工作那么努力，还不该善待自己一下吗？

在第七章中，你会学到更多知识，教你如何通过正确饮食将压力管理潜能发挥到最佳水平。但现在，如果你有过量饮食的坏习惯，那你可以在读完这一节后训练自己运用压力管理策略改掉这个坏习惯。

过度工作

努力工作在你看来可能更像是必需要做的事而不是习惯。对很多人来说，的确如此，但对某些人来说，过度工作确实是一种习惯。也许你忙工作只是为了忘记自己没有社交生活，或是因为太想要职位升迁而工作。你的同事和工作可能已经成了家庭的替代品，你需要这些来为你提供幸福感——保持在一定限度以内，只要你没有向同事过多索求，一切都好说。

不管是因为何种原因，只要你习惯性地过度工作，并且工作已经在威胁你的生活——你觉得没有个人时间，没有彻底放松的时间，没有隐私，因为任何时候都有人从办公室给你打电话——那么过度工作就变成了你的一个习惯，一个你能慢慢改变的习惯。

过度沉迷媒体

有线电视、卫星电视、付费电影频道、路口街角的租赁录像带、网上电台、车里的CD播放器、高速连接的互联网、DVD等——这是一个科技的时代，到处都充满了诱惑。有人无法抵抗窝在床上放碟看电影的诱惑，有人沉迷于全方位立体环绕的高端音响，有人一连上网好几个小时根本停不下来。如果你也沉迷媒体不能自拔，那你绝不孤单。根据非营利组织"美国无电视"（TV-Free America）披露的数据，98%的美国家庭至少有一台电视，40%的家庭拥有三台电视甚至更多！美国家庭平均每天要看7小时12分钟的电视，66%的美国人一边吃晚饭一边看电视；84%的人至少有一台录像机，每天有600万盘录像带被借出，而公立图书馆的图书出借只有300万册而已。几乎一半的美国人（49%）称自己每天看了太多电视。

任何东西都是适度才好，科技和媒体也一样。不管是什么东西，只要过量过度，好的也会变成坏的。如果你花在媒体上面的时间超出合理限度，占用了其他同等重要或者更加重要的事情的时间，那它就是个坏习惯。

就说每天的新闻吧。人们看新闻是为了了解世界上发生的事，听听明天的天气预报，瞧瞧周遭百态，但要是过分痴迷于看新闻，就有可能在脑子里装满了和自己生活无关的事件，对世界万象感到焦虑（很多时候是合理的，也许你还能为此做点什么，但是忧心失眠就没必要了），看了太多不好的事情甚至会导致抑郁。不幸的是，新闻往往免不了要报道坏消息。所以，试着寻找平衡，建立界限，别让上网或是看电视搅得你睡不香、吃不好，成天就钉在椅子上动都不动。

事　实

根据 A.C. 尼尔森公司（A.C.Nielsen Co.）的数据，美国人平均每天看 3 小时 46 分钟的电视，相当于每年不间断收看电视的总时间超过 52 天。65 岁的美国人平均要花九年时间在看电视上！

噪声习惯

噪声习惯和媒体习惯相关：你总是要开着电视（或收音机），无论你看没看（听没听）；没有音乐或者电视机中的声音做背景就不能完成作业或工作；想做冥想但是完全不能忍受安静；总是开着电视或者听着音乐睡着……如果你总是这样，那你可能就有噪声习惯。

安静不仅有疗愈作用，还能够帮你提高活力，所以你应该每天找个安静的环境给身体充充电。噪声本身没什么，但一直有噪声会让你的精力无法完全集中在某件事上，导致分神。你也许可以在电视前完成工作或作业，但可能要花更多时间，质量也不会那么好。

提　问

感觉很崩溃？

发誓保持安静。保持一整天或一个小时不要说话。这种体验听起来像是限制，但从某些角度来说其实是一种释放。让自己欣赏安静的美妙之处，让自己学会认真聆听。保持安静是一种心灵上的历练，也是一种很妙的方式，它能让思绪慢下来，专注于倾听世界的声音。

很多独居的人喜欢生活中带点噪音，因为声音可以暂时掩盖你的孤单或紧张，还能让焦虑的心安静下来，让忧思的大脑分分神。对有的人来说，持续的噪声能够让自己解脱，但如果它让你的思考和表现能力受损，让你无法面对压力和自己，那就是时候让生活中多一点安静的时光了。太多噪声会对身心造成压力。让自己休息一下，体验一下安静，至少每天一次，一次至少10分钟。不要害怕安静，用美国企业家玛莎·斯图尔特（Martha Stewart）的话说就是："这是件好事"。

购物

有人喜欢吃蛋糕，有人则喜欢逛商场，他们能从购物中得到极大的满足。购物也确实能变成一种坏习惯（甚至让人上瘾）。如果你在感觉失意、低落、焦虑或担忧，甚至连生活费都付不起的时候还去逛商场，通过疯狂购物来让自己感觉好一些，那你购物的理由一定是错的。

我们生活在消费社会，被各种方式激励消费，但我们应该只买该买的东西，比如我们真的需要或真的很想要的东西。如果只是想"买点什么"，什么东西都行，那这可不是购物的好理由。你努力工作才赚来这些钱，你花这些钱买回家的那些垃圾，可能永远也不会穿、不会用、不会吃、不会再看一眼，它们值得你所付出的金钱和时间吗？

购物的习惯可以改变，就像过度饮食一样。如果你觉得自己因为错误的理由而买买买（这很常见），那每次感觉到购物的冲动时就找点其他有意思的事情做，只要不是花钱都可以。一开始可能感觉不好受，但是一旦你摆脱了那个习惯，你就会惊讶于自己怎么会花这么多钱在那些垃圾上。引用我某天在车尾贴上看到的一句话："生活中最棒的东西并不是东西本身。"

拖延症

谁不曾偶尔拖延？但如果无论准备多久，任务有多容易，你还是无法按时完成，那你就是有拖延的习惯。有些拖延症的产生是因为你的家中、个人生活、办公室等环境一片混乱、缺乏条理。而有些人只是有拖延的习惯，这和条理性无关。这些人可能存在精神障碍，无法按时到达某个地方或按时做完什么事情。

E ESSENTIALS 重点

拖延症根植于你的大脑，这同时意味着它很强大。如果光是想到做某事就让你无法承受，从而无法行动，那么有一种方法可以克服这种恐惧，那就是冥想你对这件事的思考过程。安静舒服地坐着，专注于你的恐惧，无论是什么恐惧，都专注于它。让你自己沉浸在这种恐惧之中，想象把这种恐惧收在一个泡泡里。你会发现，一切仅仅是一个想法而已，没有任何实际的构成。看着它飘走吧。那么现在还剩下什么呢？就剩下你该做的事情了。做吧！

慢性拖延症患者有时很绝望，觉得拖延症是自己性格的一部分，不可能改变。这不是真的！拖延症也是一种习惯，跟其他问题一样可以被改变。你当然需要做点什么。尽管改掉坏习惯很难，但也不是不可能。记住，你不必一次改掉所有拖延的习惯。选一个方面先开始，比如按时上班。那么你就该考虑：怎样才能重新调整自己的生物钟，激励自己起床呢？又或者，将及时付账单作为你的首要任务，或者强迫自己在睡前收拾好房间、洗完所有碗碟。你能做到！

最坏的习惯

苏珊·勒韦特（Suzanne LeVert）和加里·麦克莱恩（Gary McClain）博士合著的《改掉坏习惯的傻瓜指南》（*The Complete Idiot's Guide to Breaking Bad Habits*）中列出了10个最坏的习惯：

- 撒谎
- 迟到
- "健忘"和其他粗心的行为
- 掰指关节
- 打嗝和放屁
- 洁癖
- 无法做出承诺
- 吝啬鬼
- 拖延
- 抽烟

这些习惯你占了几个？坏习惯很常见并不代表没问题。先让我们看看前三个怎么改正：撒谎、迟到、忘事和其他粗心的行为。

1.撒谎是个习惯，但不一定是性格缺陷。有的人可能即使没有理由，也仍然会扭曲一些事实。你会不会歪曲一下事实或是把情况描述得更戏剧性一点？你会不会不顾事实，讲一些你认为其他人想听到的情况呢？说真话也是一个习惯，最好的方式就是在说话之前停一下，想一想，问问自己"我打算说什么"。如果答案不是你所了解的真实情况，那么问自己"为什么要扭曲真相呢，如果我直接说了实情会怎样"。及时觉察自己的习惯会帮你慢慢改变它。

2. 你怎么总是迟到？总是慌慌乱乱？你喜欢让其他人等你吗？迟到是不顾其他人感受的行为，甚至是粗鲁的行为，你的形象会因此变差，成为一个不好的榜样（比如对你的孩子）。处理混乱无条理的最好办法就是每次只解决一个问题。比如，你的第一个目标就是解决迟到问题，那么提前做好计划很关键，你要提前一个小时准备好所有出门需要的东西，确保没有东西落下。如果你迟到是因为你喜欢这样，那就接着往后读。

3. "健忘"或其他粗心的行为，包括一直迟到，这都是对其他人的不尊重。你可能有很多理由，比如手上的任务太多、进度落下了或者没想那么多，但这些都只是借口。你对待其他人的方式是你性格的直接反映，但这些其实是你可以控制的。你要试着控制与人打交道的方式，每天都做一些替其他人考虑的事情。换位思考一下，如果你的朋友这么说、这么做，或者干脆放你鸽子，你是什么感受？同样地，和其他习惯一样，正确认识问题很关键。

压力管理策略：改变坏习惯

做出改变也许会让你有压力，但有一些具体的策略能够帮你设立目标并一步一步完成。下面这些策略可以帮你建立目标。每周尝试一个策略，不要灰心。这个习惯已经跟随你很久了，可能仍需要一段时间重新训练自己，但你可以做到！

- 练习暂停。既然了解了你的习惯，那么当你要做出这个习惯性行为时，就要学会暂停一下，想一想，然后问自己：这会有助于保养身体、滋养精神吗？这对我好吗？我这么做了之后会感觉好，还是会觉得内疚？暂时的享乐值吗？暂时的享乐**真的**值得吗？

- 家里不要留下会激发某个习惯的刺激物。如果看到糖会刺激你暴食，就不要在家存放糖类的零食。如果你无法抗拒购物，又必须去商场的话，就不要在钱包里放信用卡，只带足够买你所需东西的现金，而不要带更多。如果你的弱点是饮酒，那家里就不要放酒。如果晚上看着电视入睡是你的弱点，那就把电视搬出卧室，把它放到厨房，这样还可以边看边打扫，或者直接把它收起来。

- 如果你是用自己的坏习惯缓解压力，那就尝试用另一种更好的"善待自己"的方式替代坏习惯（暴食、抽烟、过度上网等）。在你容易被勾引，再次掉入坏习惯的深坑中时，找一些当下比较容易做的"善待自己"的方式。比如，如果你一回家就习惯性地打开电视，那就强迫自己先安静 20 分钟。不要让其他人打扰你！放点轻松的音乐，呼吸、冥想、喝茶、读书，看看杂志或是打个盹儿。这比看一个小时的肥皂剧或脱口秀更能让你神清气爽。

- 把你的习惯变成你的专长，成为鉴赏专家！让自己纯粹地去享受食物，关注质量而不是数量。如果你想吃东西，那就挑真正的美味少吃一点，仔细品尝每一口，不要把你的时间、精力和健康浪费在一堆垃圾食物上。酒也是一样，不要有多少就喝多少，而是喝一点高品质的酒。购物也是，不要看到什么就买什么，要选出最有价值的深入了解。比如，了解美国早期的瓷器以及旧式列车模型、维多利亚式帽针，还有来自世界各地的犬雕，只要你觉得有意思就可以。

如果你爱看电视，那就只看精品节目，成为经典电影或独立电影专家；看一些自然节目、科技节目、艺术节目、烹饪节目等，任何你喜欢的可以从中获益的节目。你甚至可以学习如何自己制作电影。如果你习惯背景一定要有声音，那就了解一下古典乐、爵士乐、古典摇滚乐或者其他你喜欢的音乐。人生苦短，莫要糟践！

当然，不是每一个习惯都能发展成专长，比如你没法把拖延症变成你的特长。但是发挥一点创造力就能将任何习惯变成一个爱好，甚至是特长。比如，你的坏习惯是拖延症，那就变成一个"简单专家"，这样你就会有更少的事情要做（少一些需要拖延的事情），也有更少的地方要去（少一点迟到次数）。

你也可以跟习惯反着来。你爱咬指甲是吗？那就学习怎么美甲。你是个懒人？那就成为一名整理房间的专家，知道如何保持整洁，从而尽可能少地打扫房间。很多自称懒汉的人都成功改变了自己，并且在专业收纳方面获得了事业的成功。

习惯改正表：坏习惯总结

现在要再次翻出你的压力管理随笔了！把这个图表复制到随笔上，把你的习惯列在上面，把你认为激发它们的原因写下来，然后写下每个习惯是怎么给你带来压力的。比如，你可能会在第一列写"咬指甲"，在第二列写"感觉紧张或无聊"，在第三列写"社交时很尴尬，感觉自己没有魅力，厌烦自己"。

你可能还没准备好摒弃一个习惯，比如你虽然知道自己太沉迷于看电视，但还没准备好放弃你最喜欢的那些节目。哪怕是这样，也先把这个习惯记录在表里，等你准备好的时候再回去解决它，过段时间也没关系，至少你把所有坏习惯都正式摆在了面前。

等你填完这个图表，就会发现里面列出的这些坏习惯给你带来了绝大部分压力。继续读下去，看看如何管理自己的习惯，每次只解决一个，这样你会觉得自己能做得到。

习惯	诱发因素	压力的作用

维生素和矿物质

另一种能对抗过多压力的方式，就是保持健康的体魄，尽量保证自己不缺乏任何基础的维生素、矿物质或植物化学成分（植物含有的某些物质，通常被认为能改善健康，增强免疫力）。虽然不是所有人都认同补充剂的重要性，但我们绝大部分人都不太可能做到每天的饮食均衡全面，所以保险起见，可以考虑使用补充剂。

遵从下面的指导，建立起抵抗压力的营养屏障：

- 均衡饮食。
- 每天吃一粒复合维生素片或复合矿物质片，增强你的营养基础。
- 维生素 C 和维生素 E、β-胡萝卜素（维生素 A 的一种）、硒和锌都是抗氧化物。研究发现，饮食中多一些抗氧化物能够降低罹患心脏病、中风和白内障的风险，还能减缓衰老速度（注意：抗氧化剂会增加吸烟的人患癌的风险）。柑橘类水果，西兰花，西红柿，绿叶菜，深橘色、黄色、红色蔬菜，以及坚果、种子和植物油里的抗氧化物也对你好处多多。
- 维生素 B 也有很多好处，具有增强免疫力、改善皮肤状态、降低患癌风险、减轻关节炎症状、帮助身体代谢食物以产生能量等作用，甚至能减轻体内压力。
- 钙是一种人体不可或缺的矿物质元素，它能够维持骨量、预防癌症和心脏病、降低血压、治疗关节炎、提升睡眠质量、代谢铁元素，还能减轻经前综合征症状。

- 其他很多微量矿物质元素都有助于保持身体健康、保证正常的生命活动,比如铜、铬、铁、碘、硒、钒和锌。
- 氨基酸和必需脂肪酸也是身体健康运转的必要元素。
- 还有很多其他的物质被列入了"每周需要的补充剂"(supplement-of-the-week)。其中部分物质可能确实对身体有一些帮助,但有一部分可能最后会被证明是没什么帮助的。如果你对某些补充剂有兴趣的话,可以多去了解一些,但最重要的还是要饮食健康、均衡和多样化。

提 醒

不要太痴迷于补充剂,如果为了吃补充剂而把生活变得更复杂,或者一想到每天早上都要吞一大把的维生素就有压力,那还不如好好吃饭,只坚持服用一种复合维生素和矿物质补剂就可以了。

预防性的维生素养生之道

有些研究指出,增加某些维生素或矿物质能增强身体治愈某些疾病的能力。额外补充维生素C(每天500~1000毫克)同时吃一点锌片,能帮你缩短感冒痊愈的时间并且减轻感冒的症状。很多人对此深信不疑。补钙能减轻女性经前综合征的症状,目前已有例证。有些研究发现维生素C、维生素E以及其他的抗氧化物能够降低罹患某些癌症和心脏疾病的风险。

下表能帮你了解哪些食物富含哪种维生素,我会帮你利用营养补充的方法来攻克压力。

维生素/矿物质	功能	食物
A	提高视力，辅助骨骼增长，辅助细胞正常分裂，有助于预防某些癌症	动物肝脏、蛋类、牛奶、柑橘、绿色蔬菜和强化谷类
B_1	保护神经系统，可能预防心脏病，有助于改善贫血	猪肉、牛奶、蛋类、全谷物
B_2	辅助新陈代谢，有助于保护视力，抵抗压力，改善皮肤状态	牛奶、蛋类、强化面包和谷类、绿叶菜
B_3	改善神经系统，可能降低胆固醇，降血压	肉类、鱼类、蛋类、全谷物食品
B_5	提高精力和愈合力，抗压，控制脂肪的新陈代谢	蛋类、酵母、糙米、全谷物麦片、内脏
B_6	增强免疫力，可能预防某些癌症，减轻经前综合征及更年期的症状	鱼类、肉类、牛奶、全谷物食品、蔬菜
B_9（叶酸）	预防某些先天畸形，可能预防心脏病和某类癌症	绿叶蔬菜、麦芽、蛋类、香蕉、坚果和柑橘
B_{12}	保护神经系统，增强记忆力，提升精力和促进健康成长，可能预防某些癌症	猪肉、牛肉、动物肝脏、鱼类、蛋类、牛奶
C	增强免疫力，可能预防某些癌症，加速伤口愈合	柑橘类水果、绿叶蔬菜、西兰花、绝大部分新鲜水果和蔬菜
D	促进钙吸收，可能预防某些癌症和骨质疏松	强化牛奶、富含脂肪的鱼类、阳光
E	保护细胞免受自由基的伤害，可能预防某些癌症和心血管疾病	植物油、坚果、绿叶蔬菜、麦芽、芒果
钙	增强和保护骨骼，预防骨质疏松和关节炎，减少肌肉痉挛	牛奶、芝士、绿叶蔬菜、豆腐、三文鱼、蛋类
铁	提高精力，增强免疫力，预防缺铁性贫血	贝类、麦麸、啤酒酵母
硒	保护皮肤、毛发健康，增强免疫力，保护眼睛，保护肝脏，可能预防某些癌症	金枪鱼、麦芽、麸皮、洋葱、西红柿、西蓝花
锌	增强免疫力，可能预防某些癌症，预防和治疗常见感冒	蘑菇、牡蛎、肉类、全谷类、蛋类

草药疗法

草药医术是一门经过时间考验的古老艺术,至今仍保持着活力和价值。现在仍有很多人选用草药疗法,比较常见的是用紫锥花治疗感冒,还有用其他复杂配方治疗各种小病。一名好的草药师能帮你用自然的方式解决健康问题,这种疗法对一般的药物也是非常好的补充。

草药可以用来泡茶,也可以用来煎煮汤药,还可以用来做冲剂。制成糖浆能让草药更可口;加入酒精可以做药酒;制成药油可以用来涂抹皮肤;制成药膏可以作为外用;还可以做成药片或胶囊以便于服用,甚至还可以放到澡盆里泡澡用。

尽管你能在本地的药店甚至杂货店中买到很多草药,但草药目前并没有受到美国食品药品管理局(FDA)的监管,所以你最好还是找一名口碑比较好的草药师。草药师知道各种草药的副作用,以及不同草药搭配会有怎样的相互作用。要想找一名草药师,可以翻一翻电话黄页,或者问一问当地健康食品商店的工作人员,或是问问朋友有没有推荐。有些地方会提供自然保健从业人员的名录。

虽然有很多处方药是由草药做成的或是从草药中提取的,但草药师用草药疗法治疗的是你整个人,而不只是某个单独的症状。草药师认为医疗应该尽可能少地干预,主要在于增强身体自身的治愈力。

提 醒

美国食品药品管理局并不管理草药补剂,所以你无法保证购买的草药的成分和质量。你最好坚持使用一个非常了解的药方,如果需要其他药方就找专业的草药师。如果你还在服用或是要开始服用其他药物,或是出现健康状况,那在服用草药补剂之前千万记得先跟医生报备。你应该了解很多草药都有副作用,可能会和其他药物甚至食物产生不良反应。

顺势疗法

和草药疗法一样，顺势疗法也是从整体的角度出发，但这类药可以在很多健康食品店买到，因为药量已经被稀释，因此几乎任何人用都安全。顺势疗法是一种整体性治疗的疗法，原理是以毒攻毒。如果草药和其他天然物质会在一个健康人身上引起某些症状，那么将这些物质进行一次又一次的稀释和震荡，最终制成一种极度稀释的药物，它能够促进身体自愈。顺势疗法基于几个原则：①出现疾病的症状表明身体正在自愈，所以不应该抑制症状；②如果某个物质能引起特定疾病的症状，那么可以将这种物质的剂量调小，用来缓解这种疾病的症状；③症状会以与出现时相反的顺序逐渐消失。

因为这种疗法非常安全，所以你不必完全了解顺势疗法背后的整个哲学依据。其实，虽然比一般的药物见效更慢，但顺势疗法在处理健康失衡方面的问题上格外安全。很多人更喜欢这种方式，因为它没有那么猛，副作用更少，也比一般的药物更讲究全面性。顺势疗法对感冒等小病、关节炎或过敏等慢性病以及焦虑和抑郁等情绪问题比较有效。另外，顺势疗法的药物原材料各种各样，比如草本植物、浆果和根茎，金、牡蛎壳这样的矿物质，甚至整只蜜蜂，用酒精稀释溶解以后使用，因为实际用于治疗的药量非常小，所以也远比处方药便宜。

用放松的方法来缓解压力

通过补充睡眠、水、营养补剂以及全面的健康保养来强健体魄，这样能够帮助你以良好的状态进行压力管理。那活跃的思维、紧张的肌肉，还有脑海中源源不断循环播放的烦恼怎么办呢？在身体感受到压力作用的时候，知道如何提前出手对抗这些作用非常重要。

E ESSENTIALS 重点

还记得高中的物理课吗？每个作用力都有等大反向的反作用力。遇到压力时，身体会释放压力激素，从而造成一些影响。当你放松的时候，你会发现身体会有非常不同的体验：

- 减少氧气的消耗
- 肌肉放松
- 新陈代谢变慢
- 脑电波变化

赫伯特·本森（Herbert Benson）医生在《放松反应》（*Avon Books*，1975）这本颇有影响力的书中写道：研究发现，无论你用哪种冥想技巧，有意识、有目的地唤起放松的反应都要遵循下面的四个基本步骤。

1. 安静的环境
2. 用来集中注意力的东西（一个声音、一个物体、一个想法）
3. 舒适的姿势
4. 淡然的态度

这四条引导进入放松状态的步骤中，最重要的一条是淡然的态度，换句话说就是，不评判自己以及自己为了放松做出多少的努力，或是不要过于分心。淡然的态度能够用到生活中的很多方面，当你压力很大的时候，这种态度立刻就能发挥有效作用。当人们对某些事情非常不淡然的时候，就会很容易压力大。比如说客户趾高气扬地评论，孩子说出无礼的话，发现你的伴侣又把牙膏盖掉到了马桶后面；又比如把咖啡洒到了键盘上，打碎了外婆的水晶盘子，或是倒车的时候粗心大意撞到了别人的车。

在这些时候，尤其是焦虑了一整天之后，这些事情就像压死骆驼的最后一根稻草，让你觉得自己快要爆炸了。你会明显感觉自己的皮质醇水平暴增，肌肉紧张，呼吸加快。而最近的研究发现，皮质醇突然暴增可能会引发血管类疾病。

> **E**
> **ESSENTIALS**
>
> **重 点**
>
> 你知道了这一天压力将会很大，那你能做什么呢？早餐吃一碗燕麦。燕麦能帮你保持神经系统健康，能够让你这一天保持平静的状态。燕麦，包括用燕麦粉做成的冷麦片，比其他的早餐食品更能提升运动员的耐力。研究发现它还能降低胆固醇。

当你觉得要发飙、暴怒，突然非常绝望、惊慌，或者想要大吼一声的时候，战胜这些冲动的一个方法就是有意识地换一种淡然的态度。你不可能总有机会停下来冥想，不可能随时找个安静的地方"持咒冥想"（冥想时专注于某个词或某种声音，帮你保持头脑清晰、注意力集中，从而让你得到一种宁静的感觉），甚至不能舒服地待着，但你可以采取一种淡然的态度。怎么做呢？两个字：好吧。

这两个字的力量非常强大。真的！有人批评你了？把咖啡洒到键盘上了？好吧。什么东西摔了，坏了，毁了？好吧。你的孩子顶嘴了？好吧。

这种回应在你看来可能完全不可取。好吧？这不是让你没法吸取教训吗？这不是让其他人欺负你吗？当然不是。如果你的孩子跟你顶嘴，他当然应该承担后果，但这并不意味着你要为此生气。况且，一个平和的家长比一个激动的家长更能控制局面。

如果你犯错了，那就从中吸取教训。一件事情发生了，那下次就注意一点。"好吧"代表你意识到了执着于错误带来的负面情绪只会让思维更加混乱，而不是更加清晰。如果你没有被怒气冲昏了头脑，就能做出更合适的回应和反应。你能平静礼貌地回复客户；你会平静地清理键盘，而不是把整个电脑往墙上摔；你会给外婆写一封真诚感人的道歉信，而不是哭成泪人；你会给自己再买一管牙膏，而不会因为伴侣把牙膏盖弄丢了而生气。

"好吧"就像是一个"咒语"，在压力汹涌而来的时候提醒自己放下情绪中压力的那部分。这不是说你要无视这种情绪，而是要阻止身体被不必要产生的压力激素伤害。除非你需要"战斗或逃跑"，否则你最好不要让皮质醇暴增。

所以放松地说"好吧"！你是在以放松的方式帮自己缓和压力，这对你有好处！

放松技巧

当你有时间琢磨不同的放松技巧时，可以从很多技巧里面挑选适合你的几种。长久以来，世界各地不同的文化孕育了不同的放松技巧：有的使用冥想，有的研究呼吸，有的研究特定的动作；有些见效很快，有些需要时间；有些需要更多体力但放松精神；有些会比较烧脑但能放松身体。如果你全都了解的话，就可以根据自己的情况选择合适的放松技巧。接下来我会讲一部分，在之后的章节中你还会了解更多。很多技巧并不是刻意用来放松的，放松只是附加作用（比如瑜伽和某几类冥想）。

身体扫描

身体扫描非常流行，主张用意念扫描整个身体，找到紧张的地方，然后有意识地进行针对性放松。你可以自己做身体扫描，也可以让其他人大声说出或指出身体的各个部分，来引导你什么时候应该放松哪个部位。你也可以自己把身体扫描的引导语录下来，放给自己听。

身体扫描能够很好地帮你在工作过后放松下来，在压力事件后冷静下来。每天练习身体扫描能让身体减少紧张感，激活大脑对身体的感知。

不同的人使用不同的方式做身体扫描。有些人喜欢让身体的每个部分先紧张再完全放松；另一些人则喜欢通过想象来放松，而并没有真的让肌肉收缩。你可以想象呼吸在身体的各个部位流入流出，每次呼出一个部位的压力。你选择哪种方式都行。你还可以多尝试几种方式，看自己更喜欢哪种。

如果你想自己录制身体扫描的引导词，那么可以录下面的这些内容。把下面这段文字朗读并录音（或者找一个声音特别舒缓的人帮你录）。不要忘记提到每个身体部位的时候要停顿，给自己一些时间专注地放松和舒缓压力。引导词里告诉你要暂停的时候，不要把"暂停"两个字读出来，而是停顿5～10秒，或者更久。

舒适地平躺在一个稳固的平面上。感觉你的肩膀、后背中部、腰部、臀部都落在平面上。放松你的上臂、下臂、手掌、大腿、小腿以及双脚。让双脚外张，彼此分开。放松你的颈部，让你的头部重量完全落在平面上。深呼吸。（暂停）

感受你的双脚，它们轻松吗？找到脚上的紧张感，放松。从脚底释放所有的紧张和束缚感。不要忘记保持呼吸。（暂停）

感受小腿上的肌肉，从脚踝到膝盖。你的小腿放松吗？找到脚踝上的紧张感，放松。找到小腿上的紧张感，放松。找到胫骨上的紧张感，放松。找到膝盖上的紧张感，放松。从脚底释放所有的紧张和束缚感。保持呼吸。（暂停）

现在，把你的注意力放在腿的上部，感受大腿正面、大腿背面、大腿根部的肌肉以及髋关节。找到紧张感，释放大腿正面的紧张感，释放大腿背面的紧张感，随着呼吸释放它们。放松臀部，使其下沉，紧贴平面。释放髋关节的紧张感，深呼吸。（暂停）

感受你的小腹和臀部的肌肉。感觉肌肉有多么紧张，释放它。让肌肉完全放松，释放所有的紧绷感。呼吸。（暂停）

现在，把你的注意力放到胃部的肌肉上。你可能一整天都绷着这些肌肉，现在放松，完全放松，放松腹部的肌肉。深呼吸，把所有的紧张呼出来。（暂停）

感受身体两旁的肌肉，延伸到上背部。感受你的肩胛骨、肋骨、胸腔以及脊柱上部。放开紧张感，呼出紧张感。（暂停）

把你的注意力放到肩部和颈部，感觉留在那里的所有让肩、颈部肌肉紧绷的压力和紧张感。慢慢松开，做几次长长的深呼吸。完全放松你的肩部和颈部。（暂停）

感受上臂的三角肌、肱二头肌和肱三头肌，把藏在那里的压力和紧张感都找出来，放松。放松你的上臂，呼吸。（暂停）

感受你的肘关节、下臂的肌肉、你的手腕、手掌，还有每一根手指。想象有一个散发着温暖的光环，从你的胳膊顶部开始向下移，从手肘、小臂到手腕、手掌和每根手指，缓解你的所有紧张。（暂停）

现在感受头部的肌肉，感觉你的头皮、面部肌肉、脸颊和下巴。释放头皮的紧张感，还有你的太阳穴、耳朵周围、前额、眼睛周围、脸颊、下颌以及嘴巴。缓缓地释放、放松，保持呼吸。（暂停）

现在想象有一个散发着温暖的光环，慢慢地从下到上在你的身体周围移动，从你的脚趾开始，朝着头顶移动，然后慢慢地再向下移动。光环边移动边扫描，任何存在紧张感的地方在被照耀到的同时便立刻消散了。你感觉很温暖，彻底地放松，被一种幸福感包围。（长时间暂停）

再多躺几分钟，充分体会完全放松的感觉。等你调整好后，慢慢地侧躺，然后缓缓地坐起来。（暂停）

E ESSENTIALS 重点

把注意力放在你的周边视野能帮你深度放松。很久以前，夏威夷的萨满巫师称这种技巧为"哈卡劳"（hakalau），指的是"集中注意，拓展觉知"。在使用这种方法时，你要选择一个舒适的坐姿坐好，放松。选好眼前的一点，放松你的眼睛，轻微地模糊你的视野。然后不要移动眼睛，注意你的周边视野所见，这样持续几分钟。即刻便放松了。

把压力反应呼出来

有个最简单的放松技巧，就像呼吸一样简单。实际上，它就是吸气和呼气。很多人习惯浅呼吸，或者胸式呼吸，确实这会让你呼吸得更快，出现紧急情况时需要这样呼吸，但浅呼吸并没有像深呼吸一样把气流吸入肺部深处。几次缓慢、刻意的深呼吸能够阻断压力的攻击。另外，深呼吸还能帮助肺部排出更多空气，这对肺部充分发挥其功效非常重要。

说到深呼吸（腹式呼吸），人们倾向于吸入一大口空气，让胸腔随之起伏和扩张。实际上，深呼吸时，气流会进入人体的更深处，胃部和腹部应该随之起伏，而胸口特别是肩膀不该起伏。

深呼吸的时候，呼气才是关键。只要做到了深深地呼气，吸气便会自然发生。

如果你不习惯的话，就很难做到从躯干深处呼吸。当你还是婴儿的时候，其实你是习惯于深呼吸的，但长大以后，生活在这样一个压力颇大的世界中，你可能已经忘了怎么深呼吸。重新训练自己深呼吸的最简单的方式就是舒适地躺下，一只手放在小腹上，另一只手放在胸口，按以下方法接着做：

1. 以正常呼吸为开始。有意识地观察你的呼吸，但不要试着去控制它。哪只手上下起伏的幅度更大？是胸口的那只还是腹部的那只？

2. 现在试着慢慢地把一口气全部呼出来，发出"呼呼"的声音。当你觉得已经把每一丝气都呼出来之后，再压一下自己的肺，压出最后一点空气。呼气时，感受放在小腹的手在下沉，变得越来越低，直到感觉体内好像没有任何空气时再停下来。

3. 在深呼气之后，你自然会开始深深地吸气，但不要使劲，让身体自然地吸进空气。不要把空气吸进胸口，而要让身体自己吸气。吸入足够的空气后，保持胸口和肩膀不动，有意识地观察放在腹部的手是怎么随着气息进入体内而再次升起来的。

4. 再次呼气，慢慢地、尽可能地彻底呼出，感觉放在小腹的手陷下去。

5. 重复10次深呼吸。

一旦你掌握了深呼吸的感觉，就能由躺着改为坐着尝试了。同样，把注意放在呼气上。有个不错的呼吸练习能让人安静：默默地估量呼吸时间，使呼气时间是吸气时间的两倍长。在你觉得紧张的时候，可以试试这个练习（以防出现让自己后悔的言行）：

1. 慢慢通过鼻子吸进空气，数到5，让空气从头到脚充满身体。保持肩膀和胸口不要动，感觉腹部和后背部的扩张。

2. 慢慢用嘴呼出空气，嘴巴微微噘起，发出"呼呼"声，慢慢数10下。肩膀和胸口不要动，感受腹部和后背部开始收缩。

3. 重复几次，直到自己觉得平静。

你还会在第八章读到更多与呼吸冥想相关的内容。要把呼吸利用起来，这是一种最朴实的随时随地都可以利用的放松工具。

意象的力量

意象非常简单有趣，能够帮你立刻放松。感觉到压力？紧张？没有希望？那就去度假吧。去机场？不用。就在书桌边，闭上眼睛，放松，呼吸，运用想象力去描画你最想去的地方。

你还记得你的想象力吧？当你在孩童时期，想象力让你能在一天之内，像鸟一样飞翔，像大象一样踏着重重的步子，像狗一样吠叫，拯救灾难中的世界，去野外玩耍，穿着降落伞从飞机上跳下来，去一个完全由糖果建造的国家……还记得吗？那不是很有趣吗？

虽然很久没用有些生疏了，但你的想象力还在你的脑袋里。是时候把它拿出来了，掸去灰尘，将它用在压力管理上！你可能不会把自己想象成超人（当然你也完全可以，为什么不呢），但你完全可以想象落日余晖中的自己漫步在僻静的沙滩上，热带温和的海风拂过蓝绿色的海面。也许你更喜欢和自己爱的人（即使这个人尚未出现）一起在林间小屋的壁炉前温暖相拥？当然你也可以想象自己踏足远东地区，看到热带雨林，在阿拉斯加的冰川上徒步，这些会唤起你内心的宁静。你也可能偏爱沙漠，或者五彩缤纷的糖果世界（谁能抵挡糖果搭建的梦幻乐土的诱惑）。让你自己做做白日梦吧！把这当作个人充电的时间。这很有趣，也完全合法，还是一种随时可用的减压办法。这不就是假期的真正意义所在吗？

变得强壮，变得健康

如果你减过肥，那么你一定听过"少吃多动"这样的道理，这个方法对减压也相当有效。适当摄入富含维生素、矿物质、复杂碳水化合物、低脂蛋白质和纤维素的食物，少吃精细加工的、高糖高脂的食物；而锻炼可以强健肌肉，增加肺活量，改善心血管功能，激活体内抗压激素的分泌。

E
ESSENTIALS

重 点

不要早上一起来就吃含糖量很高的食物，比如甜甜圈、肉桂卷或是高糖燕麦片，这会让你的能量过剩。复杂碳水化合物外加少量的蛋白质能让你的血糖和能量更加稳定。一个全麦的百吉饼加点低脂的奶油乳酪，一碗燕麦撒点杏仁或核桃，玉米饼卷鸡蛋，或者花生酱三明治都是不错的选择。

不动就要失去健康

运动可能是最有效的压力管理工具了，但我们一忙起来往往也最先舍弃运动，因为日常锻炼没有规定截止日期，所以我们非常容易把锻炼的优先级排在最末位。

锻炼真的不存在截止日期吗？根据美国疾病控制与预防中心（CDC）的研究调查，美国人的健康状况已经赶不上1990年的水平了。现在，只有25%的美国成年人的运动量能达到保持身体健康的水平。许多研究人员认为，不良的生活习惯（主要是缺乏锻炼、饮食失衡和吸烟）是导致心脏疾病和癌症致死率直线上升的重要原因。没有养成好的健康习惯导致我们更快地迈向了人生终点，所以好好锻炼才不会丢掉性命。

本书对于疾病预防只是顺带提及，主要还是关注压力方面。越来越多的专家指出，适当的运动量可能是掌控压力水平最有效的办法。我们认为自己忙到没有时间起来走走路，不就是给了压力滋长的机会吗？过着"死宅"的生活显然不会有助于应对压力。为什么呢？

我讲过压力会刺激体内释放压力激素，令人反应敏捷、力量充沛和耐力持久，唤起人们"战斗或逃跑"的反应。如果我们没有迅速动起来，没有使用我们的力量或是耐力，那么压力反应带来的这部分能量便没有出口，所以我们就会肌肉紧张、血压增高、呼吸急促。当身体没有按照预定的反应方式反应时，体内的皮质醇和肾上腺素就带来了各种问题。

> **E** **重 点**
> ESSENTIALS
> 当你就是不想锻炼的时候，可以洗个澡来让你充满活力。淋浴就是家庭版的水疗中心。开始的时候，将水温调节到和体温差不多，冲上 3 分钟，注意水流对主要肌肉群的影响。然后换为凉一些的水，淋 30 秒，淋完就出去收拾准备动起来！前面正常水温对皮肤的刺激以及最后的低温冲击能够快速启动你的大脑，促进血液循环，让你迅速清醒、警觉、打起精神。

压力产生之后，运动可以改变压力状态，主要通过以下两个重要方面来实现：

1. 锻炼能够消耗体能，在小区里走大圈虽然不是"战斗或逃跑"，但传递给身体的信息是一样的。压力反应带来的多余能量可以被代谢掉，运动之后身体会恢复平衡。

2. 运动还会刺激身体释放 β- 内啡肽等化学物质，对压力激素起到削弱作用，提醒身体危险已经过去了，可以放松了。

换句话说，运动及时回应了压力引起的"战斗或逃跑"的需求，按照身体的需求做出自然的反应。不要光在那儿坐着生闷气（你见过穴居人这样待着等猛兽来吗？），要站起来动一动。这时，身体会感受到——"啊……这就是我想要做的！"

让自己动起来确实能够帮助减压。史前的人类祖先没有多少选择，要么动起来，要么死。而如今我们的选择就很多了。我们不需要太多运动就能活得挺好。我们可以在屋子里走来走去，或者从家里走到车里，再走到办公室，然后再开车回家。这也是在运动，但这和人类过去经历的日常辛勤劳作、成天奔波相比显得微不足道。

现代人也完全可以保持充足的运动量。有很多资源能帮那些想运动的人完成他们的运动目标。一些人已经养成了锻炼的好习惯，把保持较高体能和适当体重当作首要任务。而对另一些人来说，锻炼简直就像是做牙根管手术一样。他们既不喜欢，也不愿意，而且完全看不出汗流浃背的运动有什么意义。

我们大部分人可能处在这两种态度的中间地带，我们了解运动的好处，当心情好或者有时间的时候，能够或多或少地运动一下。但问题是，时有时无的运动不足以长期管理压力或降低罹患慢性疾病的风险。那怎么养成规律运动的习惯呢？

诀窍在于要找到一个你可以坚持的运动计划。因为你不可能强迫自己，所以要找到激励自己的方式。在你很忙碌的时候，强迫自己每天花30分钟做自己讨厌的事，而又没有人要求你这么做，你觉得这现实吗？根本不可能。

可是，哪怕你极度讨厌运动，你也一定能找到一点自己喜欢的项目。说到运动，你可能想到的是上有氧健身课，但你又忍受不了自己"一把年纪"跑去跟一些身强体健、二十来岁的年轻人一起上课；也可能你就二十来岁，但觉得自己没有信心掌握那么多复杂的动作。或者你可能以为运动就是慢跑、团队运动或者跳健美操，认为做这类运动还不如不做呢。

无论你之前对运动有怎样的预想，都不要害怕。运动包含的范围很广，每个人都能在其中找到自己喜欢的一项或几项。去健身房可能就是一个好选择，里面所有的课程、器材、桑拿、水疗……总有一个能让你放松精神，有些健身房甚至提供儿童看护服务！或许你接受不了高强度的有氧运动，需要一些轻松的锻炼方式，那你可以试试瑜伽。也可能你只是需要呼吸一下新鲜空气，那可以散散步，还有比这更简单的运动吗？

如果你只是找出了一个勉强能接受的运动，那不妨试上一段时间，打开健身的广度，保持开放的态度，一项一项地尝试。相比于坐着拒绝各种可能，多尝试也会让你累积很多锻炼时间。等你尝到规律运动减压的好处之后，每天去健身房或是上瑜伽课就会轻松多了，甚至可能成为你生活中必不可少的一部分。你慢慢会喜欢上它！

事　实

健康领域似乎总是有各种风潮，最近流行的一个词叫作"核心"（core）。通过力量器械、瑜伽、普拉提（后面我会讲到瑜伽和普拉提的好处）加强核心力量，就是锻炼你的腹部、腰部，还有其他身体"核心"部位的肌肉。这些锻炼不止可以帮你甩掉小肚腩，帮你练出强壮而又柔韧的肌肉，让你的身体更加优雅而轻盈，还能增加对身体的控制感。看看芭蕾舞演员，就知道超强的躯干力量有多重要了。

小测验：你的运动情况分析

你的运动量够了吗？有没有运动过量？你所做的运动类型是能减缓压力的类型吗？做做下面的小测验，看看你的运动习惯是否适合你：

1. 下面哪一个选项能最准确地描述你对运动的看法？

　　A. 热爱，热爱，热爱！无法忍受不做运动！

B. 有时享受，有时勉强，取决于我的心情。

C. 它是个必要的"魔鬼"。

D. 这是别人才会做的事。

2. 锻炼后，你通常会有什么感觉？

A. 筋疲力尽，但是很满足

B. 容易发怒

C. 精神愉悦

D. 终于结束了

3. 你每周运动锻炼几次？

A. 每周一次或者更少

B. 每周两次或三次，每次 15～30 分钟

C. 每天都运动一小时以上

D. 基本每天运动 30～60 分钟

4. 如果你没法完成常规的运动量，你会感觉如何？

A. 我感觉慌乱

B. 我感觉自己摆脱了麻烦

C. 不舒服，之后会补上

D. 没有运动的习惯

5. 下面哪一个选项最可能阻止你运动？

A. 无

B. 厌倦了常规运动

C. 压力

D. 缺乏精力和动力

提　醒

如果你发现自己有下列的情况，那你可能是运动成瘾：

- 每天绝对需要运动，哪怕生病或受伤了。
- 常常运动两小时以上。
- 因为运动而放弃其他自己喜爱的活动。
- 错过一次运动后，会在第二天练两倍的时间。
- 如果错过一次运动，就会感到强烈的内疚和焦虑。
- 因为运动受过很多伤。

根据下面的标准计分：

1. A: 1,　B: 2,　C: 3,　D: 4
2. A: 2,　B: 4,　C: 1,　D: 3
3. A: 4,　B: 3,　C: 1,　D: 2
4. A: 1,　B: 3,　C: 2,　D: 4
5. A: 1,　B: 3,　C: 2,　D: 4

如果你的得分为 5~8 分，那就说明你对运动超级有动力，这很好，但不要运动成瘾，不要因为偶尔错过一次而压力重重。如果运动太多，或被运动控制而不是你控制它，那就需要放松放松，发展一下其他促进健康的生活方式来寻求平衡。比如，你可以专注于营养饮食，喝足够多的水，保持充足的睡眠，通过冥想放松使心灵焕然一新。此外，不要忘了花时间陪你爱的人，并且时不时地看自己能否什么都不做也可以保持轻松状态。

如果你的得分为 9~12 分，那你可能已经很好地将运动安排到了日常生活中，并且已经感受到了运动带来的好处。记住要灵活，适当改变你的日常习惯，在生活的其他方面也保持平衡。如果你已经掌握了这个最有效的减压技巧，那你应该感觉很棒！当压力影响到你的运动习惯时，不妨做点简单的、更加放松的运动，比如慢走或者简单的瑜伽。

如果你的得分为 13～16 分，那就说明你清楚运动的好处，绝大部分时候也都能安排好，但你并不总对此感到快乐。你可能需要尝试另一种运动来保持动力。想想你喜欢什么、不喜欢什么，试着利用它们来激励自己，比如尝试健身房新到的看起来很酷的运动器械或是去郊外徒步。

如果你的得分为 17～20 分，那你就是不喜欢运动或是找不到时间做运动。无论你是担心不知道该如何适当地运动，还是因为压力太大、生活太过匆忙而感到倦怠不想运动，你都放弃了一个最有效的减压技巧。别怕，先慢慢开始，然后逐步培养出一个适度的运动习惯，找到适合你的步调。运动不该是痛苦或是不悦的，运动越规律，你就越能发现它对生活的奇妙影响。

锻炼对整个身体的影响

你肯定早就听说过运动好处多多，等你真的开始运动之后，你可能确实会感觉更加良好，于是就知道运动果然是有好处的。但是它到底有什么影响，又如何帮你减轻压力呢？运动对身体的好处多种多样，下面是一些适当运动带来的益处：

- 肌肉强健
- 柔韧性更好
- 心肺功能更强

- 降低患心脏病的风险
- 降低患肺病的风险
- 改善血液循环
- 降低胆固醇含量
- 降低血压
- 增强免疫力
- 减少多余的体脂
- 增强体能
- 缓解抑郁症状
- 缓解关节炎症状
- 降低患糖尿病及其并发症的风险
- 降低患骨质疏松及其并发症的风险
- 改善睡眠质量，减少失眠
- 提高精神敏锐度
- 改善身型
- 改善自我形象
- 降低日常生活中的受伤频率
- 减轻压力的作用
- 提高管理压力的能力

锻炼不仅能帮助身体应对压力带来的生理反应，还会让你在应对压力时的心态变得更可控。另外，运动对于其他多种障碍也有许多积极的作用，还能帮助预防许多生理疾病。可以说，运动既能预防压力，又是对压力的主动出击。

> **E ESSENTIALS**
> **重点**
> 你可以通过时常变化你的运动方式（有时也叫交叉运动）来使自己保持兴趣和动力。比如，第一天散步，第二天去健身房，第三天和朋友打网球，周末可以开车逛逛好玩的地方，徒步去探索未知的区域。你可能都忘了这也是一种运动！

找到一个你能坚持的运动计划

运动类型有这么多，但时间是有限的！在接下来介绍的内容中，不一定每个运动类型都吸引你，但也许能抛砖引玉。下面是对一些特别常见运动的简单介绍。如果你对运动充满激情或需要一些行动上的激励，那么不妨进行一下新的尝试。

如果你体重超标，存在健康问题或是有六个月以上没有运动了，请务必在开始任何运动计划之前先咨询医生。

散步

散步很棒，简单、有趣，能够让你到室外呼吸新鲜空气，还为你提供和朋友社交的机会，你们能一起健身塑形。你需要每周至少进行 3 次 30～60 分钟的快走运动，最好是每周 5～6 次。

事实
FACTS
根据美国交通部的数据，在 1975～1995 年间，美国成年人的步行量减少了 42%。有人认为这是因为城市的扩张，或郊区的延伸，导致步行变得不安全而且不实际。事实上，美国疾病控制和预防中心正在研究城市扩张与过去 10 年间美国成人肥胖率增长 60% 之间的关系。

游泳

对于喜欢水的人、有关节或者形体问题的人、需要大幅减重的人来说，游泳是非常好的运动。水让身体漂浮起来，所以关节、骨头和肌肉不会受到运动太大的影响，因此容易发生运动损伤的人也可以通过游泳尽量避免受伤。慢慢形成固定游泳时间，保持在30～60分钟，其间可以变换各种泳姿，自由泳、蛙泳、仰泳、侧泳，不同泳姿能帮你锻炼所有的肌肉。

水上有氧运动也很流行，而且有趣，适合不同的体质。看看你所在地区的游泳馆或健康俱乐部有没有水上有氧课程。有些地方甚至设有水上瑜伽课。

去健身房

对有些人来说，去健身房运动正是他们一直以来所需要的激励。健身房提供会员制，包括多种健身方式：有氧课（踏板操、心血管有氧操、拳击等各种有氧运动）、瑜伽、壁球、游泳、举重，还有最新的运动器材，比如高科技的跑步机、零负担的椭圆机。许多健身房还有私人教练、营养师、运动社团、托儿所，以及其他便利设施，比如按摩馆、桑拿房、水疗室、蒸汽房，以及售卖健康食品的小卖部。

而且，如果你付了会员费，你可能更有动力，因为你得让自己花的钱物有所值。去健身房可以作为你日常生活里的一次停歇、一个特殊的奖励，让它成为你每天都会期待的事。

事　实

杜克大学医疗中心最近的一项研究显示，每周3次、每次30分钟的快走对于减缓重度抑郁症的效果和药物治疗一样。后续研究发现，对照研究中的运动组只有8%的抑郁症复发率，而药物治疗组有38%的复发率，运动加药物治疗组有31%的复发率。

瑜伽

瑜伽是古印度人用来管理身心的运动，包含体式（特定的姿势）、调息（瑜伽相关的呼吸技巧）和冥想。在西方最流行的是哈他瑜伽，主要是一些体式和调息练习。

瑜伽本身就是非常棒的健康活动，作为其他运动的补充也非常完美，因为它能增强力量，提高柔韧性，改善血液循环、体态和全身状态。瑜伽对于性情急躁的人（尝试了你就会知道感觉有多好，并且了解缓慢控制身体移动有多重要）以及难以参加高强度或快速运动的人（瑜伽对各种身体健康水平的人来说都适用，强度较低）来说，都是非常棒的运动。

瑜伽是比较完美的压力管理技巧之一。瑜伽本身的目的就是增强你对身体的控制力，保持平衡，放松精神以进行心灵上的思考，因此瑜伽能够帮助你掌控身体而不是让你被身体掌控。

普拉提

普拉提最近越来越流行，它是利用特殊器材或一张普通的垫子对核心力量进行训练。普拉提主要是增强对身体核心肌肉或是躯干力量的控制，尤其是腹部和背部肌肉。许多健身房的教练都会教普拉提课，课程中会涉及部分瑜伽、健美操和芭蕾元素。因为普拉提正变得非常流行，所以到处都能找到普拉提课或是自学普拉提的书籍，但有专业认证的普拉提老师带你练习还是最好的。许多普拉提练习比较难，错误练习会受伤，所以要当心。一旦跟老师学会了，你就可以自己在家轻轻松松地练习了。

太极和气功

太极是一种古老的中国道家武术形式，由古至今源远流长，不断顺应着时代的发展。如今太极已经很少被用来防身，它由一系列与呼吸配合的缓慢而优雅的动作组成，目的是释放内在的能量，让能量在体内流动，整合身心，促进健康和放松，因此太极有时又被称作"动态的冥想"。而气功则包含特定的动作和姿势，以及其他保持健康的方式，比如按摩、打坐，用以保持和改善身体素质，平衡身体内部的能量（即中国所说的"气"）。

事 实

目前，全球人类的平均寿命为 75 岁及以上。根据记载，目前可信的人类最长寿命为 120 岁。日本的泉重千代于 1986 年死于肺炎，时年 120 岁。[○] 因此，研究寿命的科学家推测，在合适的条件下，人可以活 120 岁甚至更久。

户外运动

如果你特别喜欢美丽的风景、新鲜的空气和大自然的气息，那么你可以选择参加一项能够长期坚持的户外运动。无论是散步、慢跑、骑行、轮滑，还是越野滑雪、徒步、爬山，户外运动对你的身体和心灵都有好处。谁说雨天或雪天不能散步？即使每天只做少量的户外运动，也可以让你和自然有所接触，帮助你厘清头绪，这本身就能帮你减轻许多压力。

跳舞

无论你是上专业课程，比如芭蕾、爵士、踢踏舞、交谊舞、摇摆舞、乡村舞、方块舞、爱尔兰舞等，还是每个周末都跟朋友一起出去跳舞放松，跳舞都是锻炼心血管的好方法，也非常有趣。来点音乐，锻炼就显得

○ 维基百科上的资料显示，泉重千代曾于 2007 年被吉尼斯世界纪录认定为世界最长寿男性，其上登录的年龄为 120 岁。后于 2011 年得到证据认为其真实年龄为 105 岁，并在 2012 年版的吉尼斯世界纪录中被除名。——译者注

不那么像锻炼了。跳舞也可以是一种娱乐，哪怕一个人在家放一点音乐，哪怕看起来不像锻炼，它能带来的健身好处一样都不少。动感的舞蹈还能有效舒缓紧张感和焦虑。所以站起来摇摆吧！

团队运动

对喜欢团体运动或是容易受他人精神感染和鼓舞的人来说，团体运动不止可以锻炼身心，还能增加社交活动。周末踢足球，打网球或是壁球锦标赛，打篮球或是沙滩排球，任何你能接触到的让你感兴趣的运动都会非常有趣，以致让你忘记了自己是在锻炼！

锻炼的趣味在于多样化

无论你选了哪些运动项目，保持运动多样化就能锻炼到更多的肌肉群，获得更多的好处，因此每周都要尝试一点不同的活动。

变化运动节奏还能给身体带来更多好处。美国运动生理学家兼作家格雷格·兰德里（Greg Landry）提出了间歇训练法（interval training），能很好地丰富你当前所做的运动。兰德里建议热身5分钟，然后以常速运动4分钟，然后逐渐加速运动1分钟。这之后接着4分钟的常速运动，1分钟的加速运动，如此循环。

间歇训练能帮你突破减重的瓶颈，从而能让你更快地塑形、改善精力，提升你的基础代谢率，进而提高体内的热量燃烧速度，还能让运动更有趣。每5分钟改变一下速度能够帮你更加专注于运动，让忙碌的大脑放松一下。

举重！对，就是你！

准确来说，举重并不是有氧运动，但对任何健身计划来说都非常重要。举重对任何成年人都有好处。它能强健骨骼，缓解骨质疏松，还能增加你的肌肉量，而肌肉增多就能在有氧运动时燃烧更多热量。肌肉越强壮，做日常的体力活就越轻松，无论是提购物袋还是抱小孩，或者搬很重的办公用品到库房，你都能轻松驾驭。你也会感觉更好，体态也会有所改善，身体看上去更结实有型。

提 醒

如果某天承受的压力比往常更大，那运动量就不要超过你的能力极限。在清新的空气中散步、练习瑜伽或太极、骑车兜风都是不错的选择，你也可以进行轻缓偏冥想的练习类型。即使有健身塑形的需求，也不要过于担心，在压力得到控制之后，就可以加快速度了。

举重频率不要超过隔天一次（每天一次也可以，但要换不同的肌肉群练习）。想要制订一个好的健身计划，就跟你的健身教练谈谈，或找一本有关举重的好书帮你明确自己的目标（健美还是锻炼肌肉），抑或订阅一本类似《塑形》（*Shape*）的健身与美容类的杂志，它追踪有关举重最新的信息和研究，提供不同的方案以及对不同技巧及其好处有详细解释。

提 醒

大约从 35 岁开始，人们的骨质逐渐疏松，出现骨裂的可能性也随之增高。举重可以抵御骨质疏松。任何时候开始运动都不晚，有规律的举重练习对增强骨骼有着立竿见影的效果，这是预防骨折的一个非常简单的方法！

按摩疗法

运动之后，你可能会感到肌肉酸痛，尤其是在刚开始运动的阶段。虽然可能并没有强度大到疼痛的地步，但是运动还是经常会造成肌肉关节的酸痛，甚至会拉伤韧带和肌腱。

经过专业训练的按摩师能够通过按摩放松肌肉及结缔组织，帮助身体在运动之后恢复平衡。对不运动的人来说，定期按摩也是有好处的，可以刺激肌肉和皮肤，改善循环系统和各类脏器的功能。

按摩是非常有效的压力管理工具，可以促进身体的自我修复，使你达到全身心放松的状态。按摩给身体带来的效果还可以让人有一种掌控身体的感觉。此外，按摩还能缓解疼痛，让体形得以改善，肌肉和关节也将更为强健灵活。

既然按摩让人感觉那么好，那就不应该只是偶尔地犒劳自己，应该把规律的按摩当成正经的压力管理方法。按摩还可以维持心理和生理健康的平衡。

问问你的医生，或许他能给你推荐比较专业的按摩师，而且按摩和针灸疗法在某些情况下属于医保范畴。如果你对非主流的按摩疗法（比如反射疗法、针压疗法等）感兴趣，可以和朋友、自然保健师、瑜伽教练或者当地保健食品店的店员请教。有些地方的自然保健中心有专门的指导人员。以下是一些常见的按摩疗法。

瑞典式按摩

这是相当常见的一种按摩方式，治疗师会将按摩精油涂抹于你的全身，同时采用特定的按摩手法，包括轻抚法、揉捏法、摩擦法和叩抚法。这种按摩能够改善肌肉和结缔组织中的血液循环，帮助身体排泄废物，治愈伤痛。瑞典式按摩可以给你深度的放松感，增加关节活动范围。有些瑞典按摩治疗师也会使用水疗法，或者结合浸泡、汗蒸和喷雾等手法改进治疗效果。

指压按摩和针灸疗法

指压（shiatsu/acupressure）是一种古老的日式按摩形式，如今仍被广泛运用。这种按摩通过手指、手掌、肘关节、膝关节等部位，按压身体特定的穴位（神经脉络位置）。按压穴位可以打通体内的淤堵，从而缓解疼痛，预防多种疾病，保持身体的平衡、和谐与健康。针灸的理论依据和指压如出一辙，只是改用极细的针插入穴位，避免引起疼痛。对西方人来说，这些想法或许显得不可思议，但是研究证明，无论指压还是针灸，在缓解疼痛和治疗某些疾病方面都具有显著效果。

反射疗法

反射疗法有点类似于指压疗法，只是前者的穴位全部集中于双手和双脚上。反射疗法认为，整个身体，包括所有部位、脏器和腺体，在手脚上都有地图一样的全息对应位置，只要在手脚的"地图"上按压，就能治疗相应部位的疾病。如果熟悉这张"地图"，人们就能通过按摩手上或脚上的相应位置，达到保健的目的。

> **E**
> **ESSENTIALS**
>
> **重　点**
>
> 你完全可以在自己身上尝试反射疗法！不妨试试这种方式：当你想激发大脑深刻思考的时候，伸出你的大拇指，用另一只手的拇指和食指捏住这个大拇指的指尖。注意，要捏住指腹位置，然后稍稍放松，绕着指尖慢慢画圈，但不要完全松开。交换双手，继续练习。

罗尔芬按摩疗法

罗尔芬按摩疗法是一种深度按摩,旨在重塑全身的肌肉和结缔组织,达到塑形的目的。如果你喜欢力度较重的按摩,那罗尔芬按摩疗法就是不错的选择。有些人觉得深度按摩可以释放隐藏的情绪,因此疗程(通常10个课时)中出现情绪爆发也是很常见的。

亚历山大技术

与其说是按摩,不如把亚历山大技术看成一系列的动作指令。练习者在教练的指导下,全神贯注地完成各种肢体动作,同时释放压力,使身体达到最佳状态。练习亚历山大技术使人体态轻盈、行动灵活,并能更好地控制身体。这种技术在演员和其他表演艺术家中间非常流行。

应用人体运动学

这是一种给肌肉进行测验的技术,帮助人们判断身体的哪些部分存在失衡或疾病。针对测试结果,该技术将提供按摩、关节运动、指压按摩、饮食调整、补充维生素和草药制剂等治疗方案。应用人体运动学必须由保健专家实施,比如医生、整骨治疗师、脊柱指压治疗师,或是受过专门训练和具有治疗资格的医生等。

提 醒

很多综合保健医师不仅资质完备、经验丰富、技术高超,而且值得信赖。但是,由于这个行业尚未正规化,因此在挑选保健医师的时候请务必小心谨慎。你可以向朋友寻求推荐,提前问好保健医师的资质和经验。

极性疗法

在释放和平衡身体内部能量方面，极性疗法更像东西方治疗方式的融合。极性疗法包括按摩、饮食咨询、特定的瑜伽练习、心理咨询等内容，目的在于提供全身心的治疗方案，从而达到能量平衡。

自我按摩

如果你学过针压、瑞典式按摩、反射疗法以及别的治疗技术，就能尝试自我按摩了。你可以按摩自己的颈部、头皮、面部、双手、双脚、腿部、手臂和躯干。很多瑜伽体式也能实现对身体内部和外部的按摩，比如抵御身体惯性的肢体弯曲就相当于内部按摩，借助地板给身体特定部位施加压力就相当于外部按摩。

脂肪背后的压力

如果你要进行运动（即使不运动），就必须要进食。但是，你应该吃些什么呢？美国人的饮食结构可谓臭名昭著，统计数据表明，一半以上的美国人存在超重问题。有的人是难以摆脱对甜食的嗜好，有的人是无法抗拒双层芝士的意大利辣香肠比萨的诱惑。不要忘了，压力也是导致饮食失控的原因之一。

更糟糕的是，压力引起的饮食失衡对健康特别有害。美国广播公司（ABC）新闻栏目曾经有一档关于压力的特别节目，其中一段就介绍了"正常脂肪"和"压力脂肪"之间的区别。"压力脂肪"不是你可以看到的堆积在大腿、手臂等处的赘肉，而是积聚在身体深处，尤其是脏器周围的脂肪。

"压力脂肪"是至今唯一所知的能引起心脏疾病、癌症和糖尿病的脂肪。而且你看不见它！这种危险的脂肪可能与压力（或许还有别的，比如雌激素水平）有直接关系。研究表明，压力导致的强迫性进食更可能造成内脏周围的脂肪堆积。

其他研究结果显示，皮质醇具有提高食欲的作用，从而引发压力人群的过度进食。皮质醇可能导致脂肪在腹部位置的堆积，尤其是"苹果型身材"的女性（容易在腰腹部堆积脂肪的女性，臀部和腿部相对不易囤积脂肪，反之，称为"梨型身材"）更容易产生这样的问题。

压力造成的饮食失衡是恶性循环的开始。当人们感到有压力时，就开始乱吃东西，而这些食物会增加你对压力的易感性。接着，你会感到更大的压力，然后吃更多引发压力的垃圾食品。怎样才能阻止这种疯狂的恶性循环呢？

知识就是力量（power），即使知识不能替代毅力（willpower），至少也是改变的第一步，所以请务必了解哪些食物会破坏身体平衡，哪些食物能维持身体平衡。实际上，很多民族和文化都发现了食物与身体之间的联系。阿育吠陀疗法是流行至今的来自古印度的健身学说，这种学说注重通过食物和配套的练习保持身体平衡（第九章有关于印度阿育吠陀疗法更详细的介绍）。很多现代研究者和健身宣传人士也强调健康、平衡、体能和食物之间的联系。

提 问

既然看不到"压力脂肪"，你如何知道它的存在呢？
仰卧在地板上，看着自己的腹部。如果平躺时腹部向上突起，超过髋骨（就是仰卧时腹部呈现肿胀状态，类似怀孕或啤酒肚），那就是由压力脂肪造成的。这是因为腹部深处的脂肪把外部的脂肪挤了出来，这会引发严重的健康隐患。难道你还不想立刻采取行动吗？

一周饮食

有很多流行的节食方法承诺说会有奇迹般的效果，也有很多人说只有某个节食方法对他们特别有效。很多节食方法都是有争议的。有些人坚信不同的血型应该吃不一样的食物（血型饮食法）；有些人坚持低碳水的饮食，比如区域饮食法（zone diet）、阿特金斯饮食法（Atkins diet）、高蛋白饮食法（protein power diet），还有碳水化合物成瘾者的饮食法；还有些人选择素食主义或严格素食节食（不吃任何动物产品，包括奶和蛋）……除此以外，还有许许多多的节食方法。

也许你能找到一种适合你的节食方法，这些方法都各有特点，健康饮食计划也有很多种（不是所有人都认同它们是健康的，但本来也没有什么事情是所有人都能观点一致的）。

血型饮食法里包含的都是低热量、高天然、粗加工的食物。低碳水饮食法认为精细加工的碳水化合物会迅速增加体内胰岛素的分泌，而对有些人而言，胰岛素的波动会引起暴食症或体重的异常增加。在过去几十年中，人们把多吃碳水化合物奉为真理，而现在，低碳水饮食法建议我们摄入更多的蛋白质，因为这能够有效解决于碳水化合物的过度摄入，阻止人们无节制长胖。

素食主义和严格素食主义也有很多好处。吃荤往往和某些疾病的发病率有关，那些随处可见的动物制品（芝士、雪花肉、为孩子准备的含有防腐剂的午餐肉等）都含有大量的饱和脂肪和热量；如果是咸肉，那还有很多盐分、防腐剂和某些致癌物质。素食主义者偏好蔬菜、水果、谷物、豆类、坚果以及其他未加工的健康食品。和快餐店的午餐相比，这确实是不小的改进（尽管越来越多的快餐店为了迎合大众要求，开始供应健康食品）。

即使所有这些饮食理论让你晕头转向,也不必担心,因为这些饮食理论都可以归结为几条简单的原则,可以帮助任何人通过饮食维持健康的体重,保持精力充沛,同时能够控制压力。

- 尽可能吃接近自然状态的食物。比如,用鲜橙子代替橙汁,用橙汁代替橙子味苏打水;用自然放养的有机的烤鸡胸肉代替切碎后制成饼状的油炸鸡肉;用糙米代替精白米;用旧式的燕麦代替速溶燕麦粥,用燕麦粥代替吐司面包;用全麦面包(最好是发芽的麦子制成的)代替白面包,再抹上自然有机的花生酱或杏仁黄油。
- 选择营养丰富的食品,少吃仅含热量的垃圾食品。干果的营养价值高于糖果,西蓝花和胡萝卜蘸酸奶比炸薯条和爆米花更有营养,鲜榨果汁和蔬菜汁也比苏打水更有营养。热量低的低营养食物可以用来填饱肚子,可以在减肥阶段吃。(比如爆米花可以用来果腹,只要不加太多黄油就行。)
- 每天早餐、晚餐都吃蛋白质和复杂碳水化合物,少吃简单碳水化合物,比如糖。
- 早餐丰富,午餐适量,晚餐清淡。如果你没有吃早餐的习惯,可以准备简单的早餐和晚餐,并享用丰富的午餐。

事 实

以下成分含量过高的食物会加剧压力对身体的负面影响:

　　糖　　咖啡因　　盐　　脂肪(尤其是饱和脂肪)　　热量

下面这些食物能够抵御压力对身体的伤害:

- 蔬菜,尤其是有机蔬菜。
- 水果,尤其是有机水果。

- 低脂有机或富含蛋白质的食物，比如鱼肉、鸡肉、火鸡肉、精牛肉、大豆制品（豆腐、豆奶等）、低脂的乳制品和豆类。
- 单一不饱和脂肪，比如橄榄油和芥花油。
- 复杂碳水化合物，比如全麦面包、意大利面、燕麦等。

- 吃饭不吃撑，不要摄入过多的热量。
- 脂肪提供的能量不得超过总能量的30%，并尽量选择单一不饱和脂肪含量较高的食物（橄榄油、芥花油、鳄梨、胡桃、核桃油等）和 Ω-3 脂肪酸（鲑鱼、金枪鱼等脂肪含量较高的鱼类），少吃含有饱和脂肪（肉类乳制品等）、不饱和脂肪酸（人造黄油、植物油制的酥油、部分氢化油等）和不饱和的多元脂肪（很多植物油中含量较丰富）。

反思"犒劳"

有些人平时吃得挺健康，但在特殊节日或劳累了一天之后，就没法摆脱想要犒劳一下自己的念头，事实上，这些人的工作确实很忙碌，好像是该犒劳一下自己。如果你也有同样的想法，那不妨重新思考一下你的"犒劳"观。

人们很容易因为应对压力而吃东西，大部分人都有这种情况。我们会想，难道不应该好好享受一番吗？

当然应该。但是享受不一定要靠美食。享受可以是一场电影、一次旅行、一小时的彻底休息、一次美发、周三下午看高尔夫球赛、让自己9点钟上床睡觉等。除了食物，生活中还有很多愉悦的享受方式。从现在开始，发挥你的创造力，好好想想犒劳自己的新方法。

提 醒

无论食物本身多么健康，吃得过多都会引起身体上的压力，因为身体无法一次消化大量的食物。

如果你只想用食物犒劳自己，也应该让这种放纵有价值。少量的高质量食物比大量的垃圾食品更有益，也是更好的享受。一小块高品质的进口巧克力，在小镇最好的甜品店享用一块蛋糕、一小杯现磨咖啡，一块娇小完美的上好培根卷着的菲力牛排……诸如此类，在精不在多，摒除一切杂念，细细品尝每一口的滋味。如果你没在看电视或读报纸，也没人和你说话，只是全神贯注地享受美食，那么每一小口都会变得非常甜蜜。相信你会因此而满足！

个人饮食计划

你要怎么开始改变呢（如果需要改变的话）？和其他事情一样，一次只做一小步。听上去可能很无聊，但如果你习惯了记饮食日记，记录自己每天吃的所有东西以及吃的时候是什么感觉，你就会很意外地发现自己的坏习惯是多么显而易见。你可能会注意到当自己觉得有压力或者没有安全感的时候会吃糖，而当你自信平静的时候就吃得很健康。坚持记日记，直到你觉得已经掌控了自己的饮食习惯，如果再有下滑的迹象，就再回去记日记。

下面是一个饮食日记的样例。注意，吃什么食物和心情直接相关。一开始可能没有这么明显，但是记一段时间之后就会发现一些规律。

日期：10 月 23 日

时间	我吃了什么	我感觉如何	评价
早晨 7:00	两片全麦切片面包加黄油	累但是心情不错	早餐不错
	一杯橙汁		
	一个苹果		
上午 10:15	四把 M&M 豆	没有安全感，很脆弱	珍妮说我的那份报告写得很差劲
中午 12:00	一大盘意大利芝士肉酱面	焦虑，压力大	我没办法不去想自己的错误。我怎么会做成这样呢？我不希望其他人认为我能力不行
	一大盘加了牧场沙拉酱的沙拉		
	三根面包棒		
下午 3:35	又吃了四把 M&M 豆	低落	我想辞职
晚上 6:45	两碗炒菜（虾、很多蔬菜）和半碗糙米饭	开心，有活力	珍妮跟我说别担心自己的错误，说我表现不错

下面是一个你可以照用的食物记录模板。要吃得好，还要运动，你很快就会觉得强壮并且能抗压了。

日期：

| 时间 | 我吃了什么 | 我感觉如何 | 评价 |

给心灵减减压

压力管理技巧不仅有助于强身健体，而且能从精神层面上提高人们对压力负面影响的抵抗能力。还有些技巧直接作用于精神层面，比如思考过程、情绪、智力、超越心灵等。本章会讲一些冥想的技巧，对减轻精神和思想层面的压力特别有效。

压力对精神的负面影响

- 无法集中注意力
- 过分、失控的担忧
- 感觉焦虑、慌张
- 健忘
- 悲伤、抑郁
- 紧张
- 疲倦、没精神
- 易怒
- 不安
- 消极
- 恐惧
- 不切实际的预期
- 绝望

诚然,以上这些压力症状有一些和身体直接相关,但往往也是由于精神层面对压力事件的理解、执念或依赖而产生的。如何让你的精神免受压力困扰呢?当然是进行精神层面的压力管理。

在压力超过承受水平时,人的大脑常常过分活跃。针对精神层面的压力管理致力于帮大脑冷静和平静下来。这些技巧可以帮助你及时意识到导致压力上升的一些思路、可能引发压力反应的态度,提醒你不要执着于某些想法,把它们当成救命稻草一样不放手。

有一些技巧(尤其是放松技巧)和身体的压力管理相关,因为身心是紧密相连的。但如果你正在遭受一些精神层面上的压力影响,或精神上需要一些支撑，想要直击根源，那请试试下面这些技巧。

冥想：内心宁静

冥想是世界上被运用得最广泛的压力管理技巧之一。冥想虽然是培养一个人对精神状态的控制能力的最好方式，但在很多国家的文化中，人们往往只因灵性而冥想，而不是因为压力管理，压力管理只是一点附带的好处。

西方人练习冥想往往不是单纯为了压力管理，也是为了获得更丰富的精神生活。不管是出于什么理由，效果都是一样的。冥想对于身心都有很深远的影响，它能去除头脑中一直嗡嗡作响的声音，让我们能更清晰地思考，并能抛开所有的期待和态度，从而能够在精神上自控并且格外放松。

冥想最重要的一点是教会我们活在当下。与其为将来可能发生什么而不安、担忧或焦虑，或是为过去懊悔，不如去平息无谓的挣扎。那会怎样呢？享受当下完美的时刻，在那一刻你是唯一的，你就是你，不需要任何改变，也不给压力产生的机会。

提　醒

有些人对冥想心存疑虑，认为这可能违背了自己的宗教信仰。冥想其实是超越所有宗教的一种技巧，无论是信奉何种宗教的人都能从中获益。这是一种精神自律，不是宗教仪式。

冥想为什么有用

冥想能够减压。研究发现，冥想的人血压更低，呼吸和心率更慢，脑电波会呈现出警觉但深度放松的信号。冥想还能训练大脑主动避免消极的思维模式和思路，避免陷入失败和低自尊的恶性循环，甚至还可以避免因慢性疼痛而产生消极的感受。

大脑是一个复杂又神奇的器官，而冥想能够教会你控制你的思想，使你身心合一，滋养你的灵性。冥想有很多形式，包括打坐、行禅、正念冥想、瑜伽冥想、持咒冥想、曼陀罗冥想、视觉想象甚至祈祷。无论你有没有宗教信仰，你都可以向任何对你来说可以祈祷的对象祈祷，比如宇宙、爱的精神和积极能量等。

冥想包含的种类虽多，但核心都是一点：提高注意力。现代生活往往导致精神不集中，我们一直被各种来自媒体的、环境的、他人的、电脑的刺激所包围。电视没几秒就换一拨信息，一个节目中充斥着无休止的广告；电影的节奏也很快，不需要我们再集中注意力观看；工作任务太多以至于我们甚至无法给任何一个任务分配足够的时间，尽管多花点时间就能有更好的成果。很多人的生活都是"赶快做完，然后赶紧开启下一项"，所以精神上习惯了有多个关注点，一直在切换注意力的关注方向。集中注意力的能力因此变得不再那么重要，最终开始消退。

E
ESSENTIALS

重 点

如果你的注意力真的开始变弱，那么可以在冥想时借助草药的作用。很多研究发现，银杏能够有效增加大脑的供血量，继而改善注意力、记忆力和思维清晰度。为了避免和其他药物产生反应或是副作用，你在使用任何草药之前都应该咨询医生，在你有健康问题或者正在服用其他药物的时候尤其需要如此。

把你的人生当作一次你想吃什么就吃什么的自助餐。你有 30 分钟吃午饭，拿着餐盘面对一系列丰富的选择：三种生菜、两种西红柿、胡萝卜、黄瓜、煮鸡蛋、红辣椒、橄榄、西兰花、花椰菜、八种酱料、芝士、干酪、土豆沙拉、通心粉沙拉、三种不同的腌制沙拉、墨西哥卷饼、意大利面、四种汤、三种面包、小排、鸡翅、肉饼、鱼块、鸡腿、火腿、火鸡肉、猪肉、玉米、土豆泥、草莓、白兰瓜、哈密瓜、西瓜、桃子、梨、菠萝、三种果冻沙拉，以及四种不同颜色的点心。

对大部分人来说，不用多久就能往盘子里夹满喜欢吃的东西。一开始可能想得很好："我只吃一点沙拉和一点前菜。"但有这么多诱人的选择，大部分人都会选择尝尝这个，试试那个……

结果往往是一盘子各种各样的食物，我们很难专注或完全享受任何一种。盘子里繁杂的食物种类给了我们一种肆意吃喝带来的满足感："看看这些吃的！"

人们从来不在意食物的质量。这就是为什么相对于只提供某几种少量菜品的餐厅，自助餐提供的食物质量更低。如果你被那么多种选择所吸引，那么可能就不会注意到每种食物都不够精致。你可能被价格吸引了："反正都是能吃的……"或是被你平时可能吃不到的一些东西所吸引："哇，五种土豆沙拉！我都要试试！"随便吃的自助餐是很有诱惑力的。你会丢掉享受食物本身的乐趣，因为你被数量众多的菜肴和吸引人的摆盘弄得眼花缭乱。

那让我们利用这个比喻来思考一下人生，人生有很多要思考的东西。你今天得做什么，你昨天没完成什么，要穿什么，去哪里，跟谁去，怎么做事，还有想吃什么……我们有日程、清单、任务、截止日期和责任，有依靠我们的人、朋友和宠物。我们有房子或是公寓、轿车或卡车要保养。有些人有不止一套房子，不止一辆车，甚至还有游艇。我们还会担心自己的仪表和举止，想要给人留下好印象。其他人如何看你？你任务完成得如何？有多少钱，应该用来买什么？还是存起来？

一般人一天想的事情远远超过了自助餐里食物的种类，所以想想看我们的大脑有多么容易被骗或是被引诱去接受那些不该接受的东西啊（就像被自助餐虐过的味蕾）！我们的大脑以接近疯狂的速度，被不同的方向拉扯。当大量信息进入大脑的时候，我们产生了过多的想法，于是开始忘事，丢三落四，无法集中注意力，犯更多错误，出更多意外，产生挫败感，感觉生活前所未有地失控。

但这很难制止。思考和获取信息比五种土豆沙拉的诱惑力更大。你有没有边开着电视边在电脑上工作，即使你有很多要完成的事情，知道这种喧闹的背景会让你分心、效率降低？你有没有边读书边把音响开得很大声，或是边开车边接二连三地打电话？我们无法让自己停止接收信息！当噪声和让人分心的事情不停地出现时，我们才感觉安心，也许有些迟钝，但至少有被安抚的感觉。

这样做的代价是很高的。从未真正在意过生活的真实模样，这样的人生实在是不咸不淡、不温不火。也许整天恍惚度日让你感到安全，因为不必去直面重要的问题或强烈的情绪。或者你也想切断所有让自己分心的东西，但不知道从哪里开始，或是需要时间去了解哪些东西会让你分心。让你的脑子同时往这么多方向走并不是真正的生活，当然也谈不上发挥了你的潜力。

冥想会让你在不知不觉中结束麻木的生活状态，它每天能让自助餐馆"歇业"几分钟。这几分钟让你的大脑有机会慢下来，从麻木中醒来，开始集中注意力。专注于什么？你自己。无论有多少信息迎面而来，无论你有多少担忧、焦虑、想法和情绪，专注于你自己——你是什么样的人，你有怎样的感受，你现在如何。冥想还能帮你注意身边的世界，既能融入又能抽身。你可以退一步，做一个旁边者看一看，这是一种让人觉醒的体验。

> **E ESSENTIALS**
>
> **重　点**
>
> 如果你被疾病缠身或苦恼不已，那么冥想能助你加速康复，使你以一种旁观者的心态和开放的态度来不加评判地看待自己的疾病，摒弃对自身处境的消极感受。等你对这种过程越来越习惯时，问问自己：我能做点什么来治愈自己？不要急于寻求最终答案，保持开放态度。这个技巧激发了你的直觉。最终会有某些具体的想法出现，帮你想到自己能做些什么来辅助身体的疗愈。

如何冥想

如果你想开始练习冥想，那么首先读下面这一节，里面有许多不同的冥想技巧，你可以看看自己喜欢哪个，然后每天在固定的时间段练习，比如早晨的第一件事，晚饭前或是睡觉前也都很好，坚持练习。一开始冥想很难，你可能觉得集中注意力非常困难。很快，你就会意识到神游是很自然的，然后你再将注意力转回来，不再评判自己，是什么就是什么。学会这一点非常关键，这是迈向管理压力永久性成功的关键步骤。

冥想技巧

冥想的类型有很多，有几种最普遍的冥想技巧，肯定有一种适合你。

打坐

打坐属于禅宗佛教的坐禅冥想，很多"参禅者"并不礼佛，但他们会练习打坐。打坐准确的定义是"坐着"。就是坐着,不需要你皈依任何宗教或者哲学流派,只需要你坐得住。听上去很简单?才不是。对于我们这些习惯了时时刻刻都要完成事情的人,只是简简单单坐着其实是不小的挑战。

如果坚持每天多练习一会儿,那么坐着也会有奇妙的功效。我们的头脑会趋于冷静,肌肉会变得更放松,压力不会再影响到身心状态。你突然有了控制权,而不是被压力控制。突然之间,你很清楚自己应该优先做什么,对生活、他人和自己也看得更清楚,过去曾经让你压力山大的事情可能都不再困扰你了。

事 实

禅宗佛学的流派之一临济宗(Rinzai)最广为人知的冥想技巧就是公案(koan)冥想。公案教学中,禅师会给学生出一个谜题或者故事,比如"单手鼓掌的声音是怎样的"。冥想过程中,学生们必须参透公案,彻底明了其中道理,最终达到心灵更加开悟的境地。

静坐不会让你与世隔绝。选择不为琐事担心、揣摩和执着,意味着你能把注意力用在生活中最关键的事情上。打坐教会你如何活在此时此刻。当你的心智打开的时候,世界也打开了。所有的焦虑都像捆绑你的绳子,而打坐能够帮你解开绳子,自由地成为自己,过你想过的生活。

听上去好像非常强大,更何况只是要坐着而已。打坐真的能做到这么多吗?不管你信不信,真的可以,只要试过并且坚持,你就会感觉到它的力量。打坐的力量其实并不神秘。正如运动可以强身健体,有规律、有针对性的训练能够让身体做出非凡的事情(比如那些体操运动员、杂技演员,还有迈克尔·乔丹……),而打坐训练的是心智。

就像身体走形和缺乏自律会埋没了你的运动潜力一样，所有的担心、焦虑、惊慌、紧张不安和内心的噪声都会阻碍你发挥自己的真正的潜能。打坐就是训练你的心智摒弃它们的方法。

从佛学的角度来说，打坐通向开悟之门。数千年前，佛陀释迦牟尼正是在印度的菩提树下通过"打坐"悟道成佛。他就在树下静坐，一直坐着，有传说记载佛陀曾言："愿就此长坐，直至悟得真谛，方是终果。"佛陀或许是用了一晚悟出了世间万物的真理所在，但这顿悟背后是他持续六年对真理的苦苦追寻。

无论开悟是不是你的目标，学会静坐，培养内心的平静和安宁，对当下完全的觉知是一种非常强大的压力管理方法。

提　醒

如果开悟听起来很陌生，甚至有点吓人，别担心。开悟并不怪异，只是说你会变得完全明白自己是谁、是什么。你还是你，你只是了解了更多！如果你从未达到此番境界也没什么关系，有些人甚至不相信开悟的存在。

如何打坐

你可以在禅宗的沉思室学习打坐，沉思室是参禅者或禅僧一起打坐冥想的场所。具体的冥想方式取决于不同的沉思室，根据沉思室属于曹洞宗还是临济宗来决定你的打坐方法（差别包括打坐面向房间中心还是面壁）。

你也可以自己学习打坐。从理论上来说，任何时候都可以打坐。刚开始的时候，你可以在一个安静不被打扰的地方打坐。第一次定 5 分钟，然后慢慢做到每天一两次，每次 15～30 分钟。每周可以延长两分钟。

打坐要先盘腿或者跪坐在脚上，屁股下可以垫一个硬枕头，这样就不用直接坐在腿上。穿足够多的衣服来保持温暖，或者围一条毯子。坐直，感觉头顶朝着天花板被拎起、脊柱舒展（不要弯着背）。肩膀和胸部打开，舌头抵着上腭。眼皮下垂，不要垂着头。视觉聚焦的点应该微微向下，眼睛放松。现在稍微模糊自己的视线，并不需要真正看清前面有什么。这样会帮助你向内聚焦。

双手轻轻放在腿上，有两种姿势：一种是左手掌心朝上，搭在右手张开的掌心上，双手拇指尖轻轻地靠拢相碰；另一种是左手松散握拳，置于右手掌心上。你要把双手放在距离肚脐下方 5 厘米左右的位置。

紧闭嘴巴，通过鼻子呼吸。先从数呼吸开始。在头脑中从一数到十，每一次完整的呼吸（吸气和呼气）算作一次。你也可以简单跟随呼吸，专注于呼吸的声音以及气息流入、流出身体的感觉。不要试图控制呼吸，只要注意它即可。

很快，你就会发现自己并没有注意呼吸，甚至忘了数数。你的思想神游到其他地方去了！注意到这点，把注意力放回到你的呼吸上，再坚持 5 分钟。一旦你做到了专注，就不必去数数了。你会坐着，呼吸，自然而然。

就是这些。听上去太简单了？打坐看似简单，其实不容易，有几个原因。老实讲：

- 打坐很无聊，尤其是一开始。
- 静静地坐着真的很难。
- 一想到你有多少事情要做，就很难"只是坐着"。
- 看不到立竿见影的效果时就难以说服自己花时间去做。（我们多么没有耐心！）

- 你的思维会试图说服你不要继续。自律很难，你的思维会阻止你努力。
- 一开始，你可能觉得没有希望，永远也做不到。
- 无法集中思想时会有挫败感。
- 面对意外出现的情绪会害怕。
- 半途而废的可能性非常高。大部分人不会坚持到显现成效的阶段。

但如果坚持不放弃会怎样呢？如果忍住了无聊，暂时放下其他的事情，在打坐中克服挫败和恐惧，直到你学会了怎样在身体上和精神上获得平静，会怎样？答案很简单：透彻、平和、接纳、满足，还有大大降低的压力水平。

E ESSENTIALS　重　点

打坐不需要任何特制的坐垫，但如果你想变得更专业，也愿意花钱，倒是可以买几个坐垫让冥想更舒适一些。蒲团是一种比较结实的圆形小坐垫，可用于坐禅。日式座布垫是一种大一点的垫子，可以把蒲团放在上面。你也可以买一个小的木凳，这样就不用把身体的重量完全压在腿上。你可以从专卖店或者网上选购冥想用具，当地的健康食品店、新时代书店或者冥想中心可能也会有卖的。

行禅

禅宗中的行禅与坐禅（打坐）相对，但行禅本身未必和禅宗有关。就像字面意义一样，行禅即在走动中冥想。行禅和坐禅不同，因为行禅时你必须时刻记住自己在做什么，这样才不会闯入车流或是撞到树上。但也没有非常不一样，因为坐禅时你能够非常敏锐地感知周边环境，行禅时你也会时刻注意周边环境，只不过环境是变动的而已。

行禅是坐禅非常好的补充。有些人喜欢冥想时一直坐着，但是最后几分钟喜欢走一走。对有些人来说，行禅能让身体定期动一动，而没有打乱冥想本身。

提 醒

行禅比坐禅更有挑战性，正因如此，对很多人来说，行禅也更有趣，因为你得注意更多东西。当你注意的东西更多时，头脑中的诱惑也再次活跃起来。因此，行禅最好与坐禅配合来做。

对这本书的大部分读者来说，行禅都是一种边享受走路边收获冥想好处的绝佳方式。对于不喜欢静坐的人来说，行禅也是一个好的选择。行禅的好处在于，可以逐渐帮助你理解冥想而又不需要下狠心静坐（对有些人来说，静坐五分钟已经需要很大的决心了）。这种有趣的冥想形式可以作为冥想练习的基础，或是偶尔代替其他形式的冥想。

如何练习行禅

练习行禅，首先要决定去哪里，室内室外都可以。你应该先在脑子里想好一条路，这样冥想的时候就不用花时间思考要去哪里。你应清楚要去的地方，是街区周边、这条路的尽头，还是客厅周围等。

先从专注和呼吸开始，集中注意力，做好冥想的准备，然后迈开步子，保持步伐舒缓。走路的时候，注意气息是怎么进出你的身体的，注意四肢的动作、脚上的感觉、手和胳膊的晃动以及躯干、脖子和头的状态。走路的时候不要评判自己，注意即可。

一旦你觉得自己已经能够很好地观察自己了，就开始观察走路时周围的环境，但不要被它吸引住。如果你发现路上的风景让你开始想东想西，不再关注行走时的感受，那就马上抓住漫游的思绪（它可能还会再涣散），轻轻地把思绪放回到你的呼吸上。

如果刚刚接触行禅，那你应该先花很长的时间用于关注呼吸。在你能够专注于身体其他部位和周围环境之前，先做到专注于呼吸，否则你的思绪就无法集中。

先从5分钟开始，之后每周加2分钟，直到你每天能行禅15～30分钟。或者每隔一天换另外一种冥想方式；或者每天冥想15～30分钟，利用最初和最后的5～10分钟做行禅。

瑜伽冥想

瑜伽在印度存在了几千年，甚至比印度教还要久远，可能是所有冥想传统中最古老的一种。哈他瑜伽，是西方人最熟知的瑜伽流派，专注于体式和练习，这是为了控制住不安和涣散的身体，从而更容易实现冥想。

瑜伽有许多不同的分支，流派之间存在些微不同的信仰，冥想的方式和技巧也稍有不同，但许多流派都有共通之处：

- 它们认为，能量的通道从上到下贯穿身体。能量通道上有脉轮（光轮）或是旋转的能量中心（见本章后面介绍的"七轮冥想"）。脉轮是体内的能量交汇点，代表体内不同的器官、不同的颜色、不同的人格和生命力。

- 它们认为，在脊柱底部的是昆达里尼（kundalini）能量（灵量，生命力的能量），也叫作"蛇的能量"或"蛇的力量"，据称在尾椎处有蜷缩沉睡的蛇等待被唤醒。昆达里尼能量是一种强大的力量，能够通过适当地练习体式、呼吸和冥想唤醒。昆达里尼能量唤醒之后会贯穿全身，依次激活每一个体内的脉轮直到到达头顶的第七轮，然后产生一种强烈的体感，据说能够重新改变身体结构。

目前流行的绝大部分瑜伽都是受《瑜伽经》（*Yoga Sutras*）的影响。此书写于数千年以前，一位叫作帕坦伽利（Patanjali）的智者通过很多格言警句对瑜伽进行描绘和解释。其中很多格言内容都可以视为古老而有趣的减压方式。难道不是压力让我们没法开悟吗，不就是要摒弃压力这样的障碍去寻找开悟，才能感知到真理和最终的幸福吗？

在《瑜伽经》中，帕坦伽利写下了通往开悟的八正道。这些步骤不一定按照某个顺序，但也是循序渐进的。（注意冥想所处的位置。）

1. 持戒（yamas），或者说行为规范。如果你想让寻求开悟（或是远离压力）更容易一些，以下是你不应该做的事情。你不应该撒谎、偷窃、贪婪，不能使用暴力，被欲望裹挟，不尊重其他人。这都是很好的建议。

2. 内修（niyamas），仍属于行为规范。表现为正向的品质，要求集中注意力和能量，包括纯净、自足、自律、内省及专注于某事。这也是好建议。

3. 体式（asanas），瑜伽的姿势。能帮你提高对身体的掌控能力。

4. 调息（pranayama），呼吸练习。旨在让身体充满生命力，瑜伽中称为普拉那（能量，生命素）。

5. 制感（pratyahara），学会释然。我们现在进入了熟悉的冥想范畴。这一步是要你学会从世界以及自己的想法、感受、情绪和感官印象中分离出来，用没有执念、没有偏见的视角看待它们。

6. 专注（dharana），学会集中注意力。这也是熟悉的冥想内容。在一个声音、一个物体或一个想法上凝神，直到自己和物体之间的界限消融，融为一体。

7. 冥想（dhyana）。之前所有的步骤都会在这一步发挥作用。行为规范奠定了基础，体式和调息让身体做好了准备，制感和专注训练思维。瑜伽冥想的最终目标是认识到你与宇宙是一体的，最终得到一种纯净、愉悦的幸福感，称为入定（samadhi）。

8. 涅槃（nirvana），最终的幸福。这是最后一步，也是八正道最后的目标。当我们最终识得真理，自我与宇宙融为一体，这就是开悟。（这是一种没有压力的生活方式！）

如果你对瑜伽八正道感兴趣，那就应该尽可能地学习。如果没兴趣，也不要被这些步骤困扰，这些信息仅供参考。你也可以单纯练习瑜伽冥想，不用非得恪守一整套瑜伽的生活方式。

如何练习瑜伽冥想

练习瑜伽冥想，首先应该选择一个安静、舒适、温暖并且不太容易被打扰的地方。如果可能，把所有噪声或是需要用电的东西都关掉（电视、音响、电脑——可别拔冰箱电源，要不食材就坏了！）。摘下所有的首饰，尤其是金属的。电流、金属或是任何挂在身上的东西都会干扰能量的流动。

穿一身舒适的衣服，脱掉鞋，如果你觉得脚可能会冷就穿着袜子。有必要的话，裹一条毯子来保暖。

盘腿坐，或是半莲花坐，一只脚脚底朝上，搭在另一条腿上。如果你大腿很灵活或者有瑜伽基础，也可以采用全莲花坐，双腿盘坐，每只脚的脚背都搭在另一条大腿上。坐在一个结实的小枕头上，让膝盖指向地面，形成三点的姿势会更加稳定。

> **E**
> **ESSENTIALS**
>
> **重点**
> 初学者不必从全莲花坐开始，因为这对臀部的灵活性要求特别高。可通过练习瑜伽来疏松筋骨，然后再专门练习这个姿势，一旦掌握了，就会发现莲花姿势就是最稳定的坐姿，可以坐很久。有些人说，可以这样坐着睡觉而不会倒。

然后，双手掌心朝上，分别搭在双膝上。你可以松开手指，也可以将食指或中指贴着大拇指捏一个圆圈。手指捏这个圆圈的意义是让能量集中在身体内，不让它在冥想的时候从指间流走。

前后左右动一动，找到一个舒适、稳定、正中的位置。想象你的头顶被向上拽着，而尾骨则被向下拽，拉长脊柱让姿态更挺拔。

接下来，开始注意呼吸时气息的流入流出。通过你的鼻子吸气和呼气，或者通过鼻子吸气、用嘴呼气。当你感觉放松了，想或者说一个音节、词语或是词组，这叫咒。瑜伽冥想中传统的咒语是"唵"（om）这个音节或者说单字。在呼气的时候缓缓发出声音，听起来更像后鼻韵母"ong"的声音，然后让尾音透过身体产生共鸣。

"唵"用来模仿宇宙的声音，它是万物起源并且包罗万象。有些人把它当成神明的声音。说出或者发出这个声音，能让你感觉与宇宙相连，这就是瑜伽（以及印度教）的哲学基础——我们和宇宙是一体的；所有的物质和能量，一切都相互联系；万物最终归一；在所能观察到的表面之下，是我们的感觉，一切即一，一即一切。有的人练习冥想时，喜欢用"一"（one）这个咒而不是"唵"，因为它能更直接地唤起他们。

第一次先试着坚持5分钟，每次呼气时重复发出你选的那个声音，然后再根据指示增加时间。瑜伽冥想会让你感觉良好，让你感受到灵性，它可以作为宗教的对应，也可以独立存在。瑜伽冥想能够强化你的精神生活，使它充满能量，对控制压力也非常重要。如果你滋养了精神生活，就不会那么容易被生活中一些不重要的事情所困扰。

事　实

很多练习瑜伽冥想或其他持咒冥想（后文将提及）的人认为，颂咒时体内或者身体发出的声音振动对身体有生理影响，能够调整和强化生命力。

瑜伽大休息式

大休息式（shavasana），又称挺尸式，其实是一种瑜伽体式或练习，一种用来辅助控制身体、让冥想不受干扰的姿势。大休息式的要义就在于，驾驭身体做它该做的事。正因如此，大休息式是一种非常好的压力管理技巧。

很多瑜伽教师认为大休息式是最重要的瑜伽体式之一。它很简单也很有挑战性，因为你要做的就是仰卧，然后放松——是真真正正地仰躺，然后放松！

如何练习大休息式

练习大休息式，要先找一个舒适的平地。一般来说床提供不了足够的支撑力，但你可以躺在垫子上。后背完全躺在垫子上，两腿分开大约 60 厘米的距离，平放在地面上，胳膊放平、张开，和身体微微分开，手掌朝上，双脚向两侧张开。

先开始用鼻子呼气和吸气，然后放松。呼吸时，专注于让身体完全放松：骨骼、关节、肌肉，所有部位。让身体完全舒适地躺在地板上。不要担心你看起来什么样或者你该怎么做，深深地放松就好。从保持这个姿势 5 分钟开始，然后慢慢增加到 15～20 分钟。

提 醒

大休息式存在一个问题：如果你累了，闭着眼睛躺好又很放松，这样很容易睡着。不要责怪自己！做大休息式的时候睡着了，可能只是因为你刚好需要休息。当你休息充足的时候再试试看。（如果真睡着了，那今天晚上早点睡觉！因为你的身体正在给你传递它需要休息的信号！）

大休息式非常适合做完瑜伽或者其他健身运动之后来做，是开启一天的提神法，也是结束一天的休息法。做大休息式就好像按下电脑的恢复出厂设置键，让身体归零重组，重新补充能量，从而逆转负面的压力反应。

呼吸冥想

呼吸冥想包含打坐和调息，取二者之精华。打坐时，你会不加评判地关照呼吸，观察气息的流入流出。在调息中，你会控制吸气和呼气的长度和特点。

毫无疑问，呼吸是个至关重要的功能。我们一辈子都在呼吸。呼吸为身体输送氧气，根据某些传统，它还为我们注入生命力我们的呼吸速率也和压力水平直接相关。当压力激素涌进身体时，呼吸速率会增加。那如果我们有意识地调慢呼吸速率会怎样呢？我们给身体传达了要放松的信号。压力反应被稀释了，就是这么简单！

如何练习呼吸冥想

首先练习深呼吸（见第六章）。当你觉得你能使用腹式呼吸而非胸式呼吸时，在地板或是在椅子上舒适地坐好（不要躺着），选择一种之前讲过的冥想体式。坐直，不要挤压身体呼吸的空间。想象你悬在空中，这样坐直就不会显得那么累。

然后用鼻子进行一次长而缓慢的深呼吸，在你的脑海中慢慢数到 5。当数到 5 时，你已经充分吸气，这时再屏息数 5 个数。然后慢慢用鼻子呼气，数到 10。

在呼吸时数数，大脑会自动专注于数数。这能帮你保持专注。等你习惯了这个节奏，大脑就可以关注更多方面。这时将注意力放在呼吸的声音和感觉上，就像打坐中那样。把注意力完全放在呼吸上，关注气息的流入、等待、流出。如果中间出现走神，就把思绪重新引回到呼吸上。

这样练习呼吸，坚持几分钟。每周可以增加 2 分钟，直到你能每天做一两次，每次坚持 15～30 分钟。呼吸冥想过后，你会立刻感觉到精力充沛。在充满压力的一天中，在一天结束时，在一天开始时，在你需要动力时，你都可以试着做这个练习。这不仅能让身体充满能量，也能让身体有充足的氧气，为其提供充分的滋养。

呼吸冥想可以随时随地练习，哪怕只做几次呼吸都可以。即使少量练习也能有即刻减压的效果。

提　醒

大部分冥想技巧都建议通过鼻子呼吸，但是如果你有鼻塞或是觉得用嘴呼吸更舒服的话，也可以用嘴呼吸。用嘴练习呼吸总比什么都不做好。

持咒冥想

瑜伽冥想就是一种持咒冥想，除此之外还有许多其他类型。任何在重复某种声音的同时保持专注的冥想都可以称为持咒冥想，比如苏菲教派的祷歌吟唱、念珠诵经祈祷。有人认为咒的声音确实具有某种能量，还有一些人认为持咒冥想的关键并不是声音，而在于重复。无论哪种，如果你选了一个对你有意义的词，可能会觉得冥想就有了更多个人化的意义和感觉。咒甚至可以是一个肯定性的句子，比如"我很快乐"。

任何词或句子都可以。也许你已经有些想法了。如果没有，你可以试试下面这些（当然还有无数种选择）：

- "唵"
- "一"
- "和平"
- "爱"
- "喜悦"
- "神"
- "女神"
- "大地"
- "天空"
- "身心灵"
- "我很快乐"（或者我很好，我很完美，我很特别，我充满爱）
- "哈利路亚"
- "平安"（shalom）
- "阿门"

古代很多文化都有练习持咒冥想的传统，只是方式不一。如果时间是检验真理的标准，那这么多年足以证明持咒冥想可能是冥想的最好形式。它会规训你的心灵，增强你的注意力，甚至改善呼吸的深度和肺功能，也能让人极度放松。

> **E ESSENTIALS**
>
> **重点**
>
> 练习持咒冥想还有一个跟压力管理相关的好处：就像巴甫洛夫的狗对喂食形成了工具性条件反射，你也会把某个声音和积极的事物联系起来。在多次练习持咒冥想，体验到放松、冷静、内心平和的好处之后，只要一提起那个词，马上就能唤起这些感受。比如，如果你的咒语是"一"，那当你遇到压力场景时，只要按照平时冥想时的方式说"一"，你马上就会感到平静。

如何练习持咒冥想

先找一个安静的地方坐下，跟瑜伽冥想或者禅宗冥想中描述的一样，也可以找个椅子坐下。找个舒服的姿势，保持坐直。做几次深呼吸，然后在呼气的时候慢慢重复你的咒语。以练习 5 分钟为开始，然后每周增加 2 分钟，直到你每天能够很顺利地坚持 15～30 分钟，每天做一两次。

曼陀罗冥想

曼陀罗冥想来自藏族文化，它的重点不在于声音，而在于一个美丽的图形：曼陀罗。曼陀罗是一种圆形图案，有的很普通有的非常华丽，专门用来冥想。一幅曼陀罗图案，外圈是圆形，内饰各种线条（可以是油画、铅笔画、马赛克、雕塑等各种形式），将视线吸引到图案中心，帮助精神聚焦在中心点。

在中国西藏，绘制曼陀罗是一种艺术形式，人们会用五颜六色的彩沙绘制各种复杂多样、精美艳丽的曼陀罗图案，或大或小，最后再一把扫尽。曼陀罗象征着宇宙，正好可以帮助聚焦精神，再现了宇宙与自我融为一体的理念。当然，练习曼陀罗（或其他形式）冥想用不着你去认同这个理念。你可以学习冥想背后的所有哲学，或者就是单纯练习这种冥想方式，帮助自己规训自律，让心灵得以安宁净化。

如何练习曼陀罗冥想

首先，你需要一个曼陀罗。你可以从书里找，也可以去冥想用品专卖店里找找。你也可以自己做一个，一个圆加上一个中心点就是一个简单的曼陀罗，当然你也可以做一个华丽复杂的。

把曼陀罗挂着或者放在比坐着平视的视线稍低一点的高度，在离它1～2.5米处找一个你认为最合适的位置，用舒服的姿势盘腿坐好，膝盖触地，或者坐在一个小凳子或是椅子上。如果坐在地板上，垫个垫子能让你舒服一些。呼吸几次放松一下。

然后看着曼陀罗。不是跟随你的呼吸或是声音，而是用曼陀罗来做你专注的核心。细细地观察它，注意它的一切，注意你的视线是怎样朝着圆圈移近又移远的。让曼陀罗成为你所有注意力的焦点。

事 实

巴黎沙特尔大教堂的迷宫就是曼陀罗的一种变形。沿着迷宫一样的路行走，就是一种行禅的形式，人们仿佛能走进灵魂，又走回到现实世界。

如果你开始走神（一定会的），然后意识到自己走神了，"嘿，我为什么要想晚上吃什么呢？"，这时你要慢慢把心绪引回到曼陀罗。

练习越多就越容易，也会变得越来越有挑战性，因为练习多次以后，你仍然在看同一个曼陀罗，这时你必须要学会继续用它来汇聚自己所有的心神。这是一种很棒的精神锻炼方式。

从坚持5分钟开始，然后每周增加2分钟，直到你每天能够顺利坚持

15～30分钟，每天做一两次。

七轮冥想

根据瑜伽等传统，脉轮是在体内脉络（能量通道）关键处的中心或能量"轮"。每个脉轮都代表了身体的不同方面，包括生理和情绪方面。每个脉轮都有不同的颜色。根据生活中需要强化的方面来选择对应的脉轮进行冥想非常有效，甚至能改变人生。通过冥想激活所有脉轮能有效地帮助身体消除压力的负面作用。

身体充满了各种小轮，从脊柱底部到头顶的中轴线上存在七大主轮。不同的人在七轮位置的选择及对其赋予的意义上会存在微小差别，但下面这些内容基本符合七轮的解读标准。

- **第一轮**（根轮）在脊柱底部。它是红色的，掌管身体本能，包括胃口、性冲动、攻击、暴力、恐惧以及所有满足基本冲动、需求及愉悦的本能反应。如果难以控制自己的原始冲动，就针对这一轮进行冥想。
- **第二轮**（腹轮）在肚脐后方或稍低一些。它是橙色的，掌管创造力，包括生殖力以及内心的艺术创造冲动。这也是热情的来源。如果你觉得创造力受阻或者存在生殖问题，就针对这一轮进行冥想。
- **第三轮**（脐轮）在腹腔神经丛后方，位于胸腔肋骨中间的凹陷处。它是黄色的，掌管活动和能耗，包括消化功能，即将食物转化为能量。如果你的胃口不佳或是对生活失去兴趣，那就针对这一轮进行冥想。
- **第四轮**（心轮）就在心脏后方。它是绿色的，作为七轮的中间脉轮，它是慈悲、情绪和爱的中心。与摄取、消耗的第三轮相比，心轮在于给予。如果你不愿付出，缺乏慈悲、爱和正常的情绪感受，那应该针对这一轮进行冥想。

事　实

有些人认为脉轮可以通过在对应的位置上放置对应颜色的水晶来激活。水晶治疗师将水晶摆放在身体的特定部位上来平衡脉轮的能量，提升生命力在七轮间的流动。

- **第五轮**（喉轮），位于咽喉处。它是天蓝色的，掌管沟通能量。如果你难以沟通或表达自己的感受，就针对这一轮进行冥想。
- **第六轮**（眉心轮），在眉心或偏上位置，有时也称为第三眼脉轮。它是深蓝色或蓝紫色的，像夜空的颜色，与第五轮明亮的天蓝色相对。这里是直觉、感知外界和心灵感应的中心。如果你想培养你的直觉，或是觉得你的直觉被阻滞了，可以针对这一轮进行冥想。
- **第七轮**（顶轮），位于头顶。这是最高的脉轮，又称千叶莲。它是紫色的，这里是开悟和了解真我的来源。如果你的目标是开悟，那就针对所有七轮进行冥想，感受脉轮之间能量的流动，最终能量将抵达第七轮。

如何练习七轮冥想

选择一个安静的不容易被打扰的地方舒适地坐着。在进行七轮冥想时，瑜伽冥想的姿势是最常见的，但你也可以坐在椅子上甚至躺在地板上。（别睡着！）

坐直。你体内主要的脉络位于脊柱到头顶的这条中轴线上，所以保持脊柱挺直，能量就更容易流过七轮。闭上眼睛放松呼吸。

如果你想把七轮都过一遍，那就从第一轮开始，或者从你特别关注的脉轮开始。想象脉轮的颜色，想象这个颜色在脉轮周围跳动。想一想这个脉轮所代表的领域，然后反思你在生活中这一领域的表现。不要评判自己，只是观察，让想法自由出入。

比如，你觉得自己的创造力受阻，所以需要做第五脉轮的冥想，那么先想象天蓝色，想象风和日丽的春天里天空的颜色。然后想象清凉的蓝色使你打开喉咙，让你的思路和想法全部奔涌出来。想想你的创造力。你想要当个作家但是始终没有开始尝试吗？你热爱写作但是一直没动笔吗？如果你注意到自己在说教或者责备自己，（"为什么我就不能坐下来即刻开始写作呢？"）那么你应该立刻停止这样做。把注意力集中在你的喉咙上，想象天蓝色，然后从观察者的角度去看待生活中的创造力。

这种冥想能够带来意外的解决办法。如果你放开担忧和抱怨，只是让自己观察和思考，想法就会像气泡一样，沿着玻璃杯壁慢慢升到水面——"砰"的一声，气泡炸开，答案清晰可见。

即使尝试一次后没有得到答案，或者没有觉得耳目一新，你也要坚持下去。有时你需要一段时间才能习惯这种专注和反思，但只要坚持下去就可以打通你的七轮，让能量贯穿全身。你的身体能帮你释放不必要的压力，消除压力的负面影响。此时你会发现自己的意识已经进入到新的领域了。

如果想要完整地进行七轮冥想，实现全面的自我修复，那么先从第一脉轮开始，想象它的颜色、功能，注意力集中于此保持2~5分钟。然后想象能量升到了第二脉轮，专注2~5分钟（不需要看表，用感觉来找上移的时机）。持续移动直到抵达第七脉轮。如果你觉得哪个地方阻塞更多，就在那里多花一些时间。

七轮冥想是一种非常棒的压力管理冥想。通过它你能感觉到自己确实在做关心自己的事情。这比治疗便宜多了！（也是对治疗非常好的补充。）

事　实

除了颜色和代表的领域,七大脉轮还有对应的振动音节及腺体!

- 第一脉轮:对应的是性腺(发音为 lam)。
- 第二脉轮:对应的是肾上腺(发音为 vam)。
- 第三脉轮:对应的是消化腺(发音为 ram)。
- 第四脉轮:对应的是胸腺(发音为 yam)。
- 第五脉轮:对应的是甲状腺(发音为 ham)。
- 第六脉轮:对应的是松果体(发音为 om)。
- 第七脉轮:对应的是垂体和下丘脑(发音为 om)。

正念冥想

正念冥想和其他冥想不同,可以随时随地练习,不管你在做什么。正念冥想就是把注意力完全用于对当下的觉知。正念冥想可以融合在其他各种形式的冥想当中,也可以在走路、跑步、打篮球、开车、学习、写作、读书或吃饭等任何时候练习。无论你在做什么,都能进行正念冥想。一整天下来就相当于是进行了一段长时间的正念冥想,不过一般很难做到这一点。

在越南的一行禅师(Thich Nhat Hanh)和马萨诸塞大学医学院减压门诊的创办人乔恩·卡巴金(Jon Kabat-Zinn)博士的推广下,正念冥想变得流行起来。因为我们的心绪不愿意待在当下,所以短时间练习比较容易,长时间练习就会很难。但这是一种非常有意义的训练,它能教会我们珍惜和品味当下的美妙,无论当下有多么平常。练习正念冥想还能让人特别放松和满足。

如何练习正念冥想

无论你在哪里、在做什么,都可以练习正念冥想,有意识地对周围一切保持充分完全的觉知。注意所有来自感官的信息——视觉、听觉、嗅觉、味觉。每当思绪开始想其他事情的时候，轻轻地把它带回到当下。不要做任何评价，只是观察即可。你可能会惊讶于对自己和世界的觉察结果。

事 实

有个知名的佛教谚语这样问道："如果你听到一声狗叫，你会想到自己的狗，还是只想到'狗叫'？"想到"狗叫"意味着你在进行正念冥想，想到自己的狗说明你在做联想，你的思绪已经飘到其他地方。

如果任何时候都练习正念冥想让你觉得有压力，那么不妨先从某件特定的事情做起，比如吃饭。挑选一种食物，别挑那种满是调料的大菜，选一种蔬菜、一个水果、一些汤汁或是一片面包。慢慢吃，注意食用的整个过程：怎么把食物送到嘴边？怎么放到嘴里？食物在嘴里时你有什么感觉？口感和味道如何？食物长什么样？因为什么你会再吃一口？你的身体对食物有什么反应？

在吃饭的时候练习正念冥想可以很好地训练正念技巧，也有助于克服无意识进食这种普遍问题，这在压力大的美国人中尤其常见。

祈祷

有些研究发现至今仍让主流医学界感到困惑：如果有人为住院的病人祈祷，哪怕病人对此并不知情，他们也会比没有受到祈祷的人好得更快。这些研究表明，他人的祈祷能够让人们感到压力的缓解。

> **E ESSENTIALS**
> **重点**
> 如果你想祈祷但是没有合适的祈祷词，又没有宗教信仰，那就借用一些宗教的祷词，比如，基督教的《主祷文》（the Lord's Prayer）、天主教的《玫瑰经》(the Rosary Prayer)、《圣母经》(the Hail Mary prayer)、格里高利圣咏（Gregorian chant）、卡巴拉上帝二十五神名[一]、沙漠教父耶稣祷文、苏菲教派的祷歌、佛教经文、印度教经文等。去图书馆研究一下，先这样开始，等到后期适应了，可以自行编排祈祷词。

任何一种集中思想的练习都或多或少与冥想有关，而且都能减压。所有文化中的冥想都有一些共同的主题和技巧。东方持咒冥想中颂念的"唵"跟西方祈祷的性质是相似的。

什么是祈祷？祈祷是一种聚精会神的沟通，表明你的意愿，或是在你和神（无论你的神是什么）之间开启一个通道。祈祷也可以是一种请求、感谢、崇敬或对神的颂扬，也可以是对宇宙的感激之情。你还可以用它来唤起神圣的力量，或是直接体验神圣或宇宙的能量。不同的习俗有不同模式和类型的祈祷。祈祷可以是任何你定义的内容。

如何练习祈祷

练习祈祷之前先要想好祈祷的性质：向谁或向什么祈祷？祈祷的主旨是什么？为了疗愈自己而祈祷还是为了他人？为了自己想要或需要的东西而祈祷，还是为了感激自己已有的一切？你是要歌颂、表达内心的喜悦，还是想释放内心的悲伤？

[一] 几乎没有"二十五神名"的说法，常见为"七十二字母神名"，表示隐秘于卡巴拉（也包括基督教卡巴拉与赫密士卡巴拉）之中的上帝圣名，同时也存在于更多主流的犹太教论述里。——译者注

一旦脑海中有了具体的目的，你就可以找一个不会被打扰的地方，静静地坐着或躺着。思绪专注于祈祷词上，大声说出来或者在心中默念。保持精神集中，关注祈祷词的力量，想象力量延伸至何方。让祈祷的力量持续辐射，从心底蔓延至你希望它到达的地方。打开心神与外界联结的通道，同时在心里为外界回音留下空间。你可能会充满温暖愉悦的感觉。你可能收到外界回传的信息，也可能收不到回应。

不论结果如何，持续关注祈祷，感受力量源源不断地流出，不要评价结果。任其自由生发，从心底释放积极能量，帮助你强化身心。我们都知道，付出越多，回报越多！

意象冥想和视觉想象

意象冥想和视觉想象主张通过想象力积极改变自己的思维甚至现实生活。意象冥想的目的在于，想象自己身处另一个地方（沙滩、山里、巴黎等）或让人能即刻放松的环境中。视觉想象是想象自己希望得到的东西（比如获得另一份工作、找到一生所爱等）或是想要看到的自我改变（比如压力敏感度降低、更加自信、特别有条理等），意象冥想和视觉想象有两方面的作用：

1. 因为视觉想象的内容会给你带来积极的感受，所以你立刻会感到压力有所缓解。

2. 持续想象某个事物能带来实际变化，从而改变生活。

哪怕你想象力不够丰富，也仍然可以练习意象冥想和视觉想象。这很有趣！你可以在上班期间用意象冥想给自己5分钟到海边"度假"，也可以运用视觉想象，想象自己以后拥有健康的体重和身体，从而辅助改变当下的饮食和运动习惯。无论目的为何，从短期和长期来看，这些想象力都有非常强大的减压功能。

如何练习意象冥想

选个舒服的姿势，坐着或者躺下。闭上眼睛，做几个放松的深呼吸，在脑海里想象一幅画面。可能是你希望此刻置身的地方，可能是你去过的钟爱的地方，或是你创造出来的地方。这个地方是什么样的？身边都有什么？什么颜色，什么手感？观察视觉想象出来的这个地方的一切。

接着想象触摸身边的东西——沙子、水、草、树、伟大的艺术品或建筑、你最喜欢的人，等等。倾听——你听到了什么？风声、浪涛声、沙沙作响的树叶、车流声或是说话声？想象一下气味——刚刚割完的青草香、咸味、暴风雨的味道、做饭的味道、香水味？注意每一种感官体验，探索你创造的世界或是记忆中的地方。尽可能久地待在那儿，至少 5 分钟。然后慢慢地让这个画面淡去，睁开眼睛。你立刻就放松了！

如何练习视觉想象

选个舒服的姿势，坐着或者躺下。闭上眼睛，做几个放松的深呼吸，在脑子里想象一幅生活出现积极变化的画面。也许是一个职业目标，或者是健康、外貌、生活境况、自信心等方面的变化。简单一点，只想一个方面，其他方面可以以后处理。

想象自己在一个新的环境中。你看起来状态如何，表现如何，感受如何？你觉得这种新方式、新形象、新工作怎么样？

在这个新环境里进行探索。如果你喜欢这个环境，对它感觉良好，那就坚持每天进行视觉想象，带着热忱和自信。

生活变化之后，视觉想象也可以随之改变和发展。比如，当你的生活压力减少、变得更有意义时，你可能就发现自己并不需要发财，因为情感和精神财富已经颇丰，关键还是要坚持下去。想象力就好像肌肉一样，使用越多，就会变得越强。

运用丰富的想象力可以让你在解决问题时更有创造力，你的大脑也会更好地工作，同时也能更好地消除生活中的压力。

如果想要加强视觉想象的效果，你可以尝试用一些肯定的话语作为冥想时的咒语，用一种改变已经发生了的口吻来组织积极的语言（不要说"我不会生病"，要说"我会好起来"）。针对目标进行视觉想象时，要使用这种肯定的话语。

重点

一些积极肯定的话语举例：

- "我很健康，很强壮，我很好。"
- "我的身体正在快速恢复，而且变得越来越强壮。"
- "我很自信、胸有成竹。"
- "我很放松，很冷静，也很平和。"
- "我找到了最完美的人生伴侣。"
- "我在生活的很多方面都很富有。"

坚持冥想的建议

可能冥想几次以后，新鲜劲儿慢慢就没了。那你要怎样坚持下去，长期保持规律的冥想练习呢？

以下是一些建议：

- 大部分时间坚持一种冥想形式，你会对这个技巧更加关注和熟练。

- 如果哪天你就是不想做某种冥想，那就换一种冥想，改变一下节奏。
- 把冥想当成一种约定，像生活中的其他约定一样。重视你跟自己的约定，你才应该是自己生活中最重要的人！
- 在每天同一时间或者固定几个时间点进行冥想，形成一种规律节奏，把冥想固定在你的日程上。
- 尽量空腹冥想，在饭前或是在饭后两小时之后（吃得少的话，一小时之后）。身体在不忙着消化时，会更容易专注。
- 在一天能量充足的时候冥想，别选能量不足的时间。如果你是个习惯早起的人，就在早上冥想。如果你晚上更精神，那就在晚上冥想。这样你中途睡着的概率就会小很多，也会更加容易专注。
- 非冥想时间也可以不时注意回想冥想带来的放松感，这样能够重新唤醒那种感觉，帮你把冥想减压的效果延续一整天。
- 和朋友一起开始冥想。无论你们是在同一时间同一地点一起冥想，还是各自冥想，在不想冥想的时候，你们可以互相打电话，给对方鼓励打气。

E
ESSENTIALS

重 点

压力管理随笔也可以当作冥想随笔。每天冥想后，记下日期、时间、冥想时长、感觉等。记录可长可短，只要能帮你记录自己的练习及进展情况就行。你可能会发现自己的情绪和能量水平的模式会影响冥想练习。

总之，坚持练习，不断练习。练习可能无法成就完美（没人是完美的），但练习最终会给你的生活、健康和压力管理能力带来巨大的变化。

第九章

其他压力管理方法

我们已经介绍了很多有效的压力管理技巧,然而世界如此丰富多彩,当然还会有更多减压工具的存在。在本章中,我将列出与前面章节所述类型不同的其他技巧,欢迎带着探索精神继续阅读,找找看有没有你能用的减压工具,也许这里刚好就有你想要的。

调整心态

还记得汉克·威廉姆斯在那首乡村歌曲里唱的"当头一下,改改她的态度"吗?这本书里要介绍的心态调整和暴力可没有关系,这里指的是慢慢改变一个人的心态。

消极心态会大量消耗你的精力,放大生活中的压力,直到你难以控制。很多人都习惯性消极,你呢?

你的心态是什么样的?看到半杯水,你想到的是"呀,还有半杯水呢"还是"唉,只剩半杯水了"?你会先看到积极的一面,还是消极的一面?

消极是一种习惯。这可能是过去经历很多痛苦造成的,完全可以理解。但是,现在就得停止这种消极的态度,即使遭受痛苦也不必消极。有人遇到不幸仍然保持积极,有人却会因此绝望。差别在哪儿?心态。

如何改变消极心态呢?首先你得意识到自己什么时候会变得消极,记录下来。每当你感到消极的时候,不要直接表达出来,记录在你的本子上。当你将那这种心态写在纸上之后,就可以更客观地看待它了。最终和其他记录一样,你会从中看出一些模式。

提 醒

压力榨干了你的幽默感吗?当生活有压力时,要尽可能地保持你的幽默感。轻松愉悦的生活方式能减轻压力,有时候有趣的表情或适时的笑话能够立刻让你改变糟糕的境况。

了解哪些东西会触发你的消极心态之后(可能有许多因素),你就可以在出现消极迹象时及时制止它。比如意外发生时,你的第一反应可能是"哦，不要啊"对吗？如果是的话，那就试着在喊出"哦"之后停下来，注意自己当下的反应。然后告诉自己"我不用非得这样反应，我应该等一等，看看是不是真的需要这么夸张地表达'哦，不要啊'"。这样做会阻断你的思维模式和消极反应，帮助你更客观和积极地应对意外情况。哪怕在停下来之后发现这么喊也完全可以，你也不会再碰到小灾小祸时每次都喊"哦，不要啊"，这种反应可以留到真正需要的时候。

习惯都是如此，当你越来越多地阻止消极反应，将其改为中性或是积极反应，你就会越来越少地产生消极反应。不再说"哦，不要啊"，而是先沉默，抱着"等等看"的心态，或是肯定地告诉自己："哦……我可以从中找到一些积极的东西！"

你或许遇到过很多阻碍，这也是意料之中的。你可能会从自己的消极日志中发现，其实你在从消极中获取安慰，甚至享受消极心态。消极可能让你感到安全：当你总是抱着最坏的打算时，你就不会失望。但困难本来就是用来克服的。哪怕某种意义上消极能够安慰你，但值得为此失去精力和快乐吗？坚持下去，诚实面对自己。你可能会发现消极反应都是为了保护自己，但你明明可以有其他更好的方法。比如交些好朋友，发展一些有益的爱好，或是定期做做冥想？

如果你真的打算改掉消极的习惯，那么你就能够调整自己的心态，只不过需要用点心思。（本章将介绍与此相关的"乐观主义疗法"。）

E
ESSENTIALS

重 点

你可以通过评价自己的感受来对抗自己非理性的思维倾向。问自己这些问题：

1. 是实际情况，还是我对情况的感知造成了压力？
2. 我对事情的预期是否超出实际情况？
3. 我是因为其他人的错误而感到压力吗？
4. 一个巴掌拍不响，我有责任吗？
5. 我是不是在浪费时间寻找造成现状的原因，而不是现在就改变自己的行为？

自生训练

自生训练不需要催眠师或花费那么多催眠治疗的时间，同样可以让你收获催眠带来的益处。自生训练是指，保持放松的姿势，利用言语暗示四肢是温暖的和沉重的，从而引导身体进入一种深度放松和减压的状态。自生训练已经被用于治疗肌肉紧张、哮喘、肠胃不适、心律不齐、高血压、头疼、甲状腺问题、焦虑、易怒和疲倦等问题，此外还能够增强抗压能力。

自生训练中的语言暗示就是专门用来扭转身体的压力反应的。暗示分为下面六个主题：

1. 沉重感，可以让四肢的随意肌更加放松，从而改善因为压力反应造成的肌肉紧张。

2. 发热，打开血液向四肢流动的通道，改变因为压力造成的四肢血液循环不畅的问题。

3. 均匀心跳，帮助平缓心率，缓和压力导致心跳加速的情况。

4. 均匀呼吸，帮助平缓呼吸，改变压力造成的呼吸加快。

5. 腹部的放松和发热，改变压力导致血液减少流向消化系统的情况。

6. 镇定头脑，改变压力造成血液流向头部的情况。

换句话说，压力激素的产生造成的各种生理性压力症状，都可以通过自生训练的暗示一一扭转。

提　醒

如果在自生训练过程中感到压力或不舒服，也可以跳到下一个部分。如果你有胃溃疡或是其他肠胃问题，就可以跳过腹部和胃部发热的暗示。

你可以自己练习，也可以在专业教练的指导下练习。如果你找不到教练，也可以试着找找相关的书籍，按照书上的指示进行练习。更简单的做法是，找一个安静的不太会被打扰的地方，放松，营造舒服温暖的环境，调暗灯光，坐下或是平躺，然后按照下面这样的指示，针对身体的六个部位依次重复相应的言语暗示，将注意力集中在对应的部位和暗示内容上。但也不要强迫自己去专注，保持被动和接纳的心态，发生什么都没关系，做什么都不会有错。如果你想咨询一位专业人士，可以和本地能够进行催眠的心理咨询师联系一下，或是联系综合健康专业人员，比如脊椎推拿医师、草药师或是按摩师，让他们给你介绍相关的专业人士。

你可以将下面这些暗示录下来，或是背下来。每句话慢慢地重复四遍：

1. 我的右臂很沉。

2. 我的左臂很沉。

3. 我的右腿很沉。

4. 我的左腿很沉。

5. 我的右臂是温暖的。

6. 我的左臂是温暖的。

7. 我的右腿是温暖的。

8. 我的左腿是温暖的。

9. 我的胳膊沉沉的，而且温暖。

10. 我的双腿沉沉的，而且温暖。

11. 我的心跳缓慢而轻松。

12. 我的心是平静的。

13. 我的呼吸缓慢而轻松。

14. 我的呼吸是平静的。

15. 我的胃是温暖的。

16. 我的胃是放松的。

17. 我的额头是凉的。

18. 我的头皮是放松的。

19. 我的全身都很平静。

20. 我的全身都很放松。

21. 我感到平静而放松。

再见吧，压力！

阿育吠陀疗法

印度阿育吠陀疗法是一门研究如何延年益寿、抵抗疾病衰老、促进身心健康的古老学问。这可能是人们所知的最早的保健体系，有超过 5000 年的历史！神奇的是，它现在仍然被广泛运用。其实，这多亏迪帕克·乔普拉博士（Dr. Deepak Chopra）的努力，阿育吠陀疗法才得以作为一门科学在过去十年间重新盛行起来。

阿育吠陀疗法认为，压力就是失去平衡。当身体失衡时，疼痛、疾病、伤痛以及各种心理情绪问题都会出现。阿育吠陀疗法的理论体系非常复杂，简单来说就是利用特定的食物、药草、精油、色彩、声音、瑜伽、净化仪式、唱诵、生活方式的改变以及心理咨询，让身心进入到最终的健康状态。它还有一个非常特别的哲学理念：疾病乃至衰老都可以被抑制，人们甚至可以通过某些方法返老还童。

> **E**
> **ESSENTIALS**
>
> **重 点**
>
> 阿育吠陀疗法有很多治疗督夏（dosha，表示生命能量）失衡的方法，总结起来主要为：
>
> - 瓦塔，可得益于温性、滋润性、疗愈性食物（燕麦粥和汤类），保持日常生活规律，遇到寒冷会恶化。
> - 皮塔，可得益于冷食、愤怒管理和长途步行。热和辣的食物会导致恶化。
> - 卡法，可得益于温暖而干燥的食物、刺激性的事件和运动。过多的糖分和油脂会导致恶化。

阿育吠陀疗法的理论体系将人分为三种主要的督夏能量类型（任何事物都可以这样分类，如天气、味道、季节、温度等）。很多人是由两种督夏组成或者取三种督夏的平衡，但大多人都会偏向某一个主要类型。根据不同的督夏类型来选择对你有益的事物类型，包括食物、药草、精油、色彩、声音、瑜伽、净化仪式、唱诵、生活方式的改变,以及心理咨询。

瓦塔	皮塔	卡法
体瘦;如果超重,往往是异常表现,多为虚胖,不结实	肌肉型或身材正常;容易长肌肉	体格魁梧或骨骼宽大,常常超重,身体壮实
头发卷曲、细软,褐色头发	头发偏红色,较暗或者为浅红带黄色;肤色红润,有雀斑	头发颜色深、浓密、油亮,皮肤光滑,嘴唇厚,肤色为奶色或橄榄油色
细小的眼睛	目光锐利,眼睛充血	眼睛大,眼白多
关节干涩易响	关节松散柔软	关节大、粗、强健
不能坚持按计划行动;饮食和睡眠都很随性	胃口好,进食快	长期食欲低下,进食慢
耐力差或多变	耐力中等但耐热差	强壮,有持久耐力
对疼痛、关节炎或神经免疫系统疾病易感	对传染、发烧或发炎易感	容易患呼吸道疾病,易浮肿或肥胖
生活节奏快,不稳定且多变	生活有目标,有非常坚定的生活方式	缓慢、稳定的生活方式
对噪声比较敏感	对强光比较敏感	对强烈气味比较敏感
适应能力强但有时犹豫不决	聪明但有时苛刻	稳定但有时无聊

阿育吠陀医师可以判断你的督夏类型,有时只需要把脉即可判断。通常,如果有病人想要得到阿育吠陀治疗,医师会进行严格详细的分析,询问大大小小的各种问题,包括身体结构、生活习惯、个人好恶和职业等。很多书和网站还有自测的问卷,可以帮你判断督夏类型。有人会去专门的阿育吠陀治疗中心问诊,或接受住院治疗;有人只是采纳一些调整饮食和生活方式的建议。

阿育吠陀疗法是一门非常精妙复杂的学问,本书只能触及皮毛。仅作为入门,上面的表格列出了三种督夏类型相关的常见特质,内容并不全面，只是为了让大家对三种能量类型的典型特质有个大概了解。

虽然大部分人都有一个主导的督夏类型，但每个人都多多少少涉及所有三种类型，也会体验到任一类型的失衡。瓦塔是最先失衡的，其次是皮塔，最后是卡法。阿育吠陀疗法有很多治疗督夏失衡的方法。

如果你对阿育吠陀疗法感兴趣，可以进一步研究，有很多书籍和资源可以帮助你了解这个关于生命和长寿的科学。列举部分如下：

书单

- 《不老的身心》（*Ageless Body, Timeless Mind*），迪帕克·乔普拉著，出版社：Harmony Books，出版时间：1993 年。
- 《创造健康》（*Creating Health*），作者：迪帕克·乔普拉，出版社：霍顿米夫林出版公司，出版时间：1991 年。
- 《完美健康》（*Perfect Health*），作者：迪帕克·乔普拉，出版社：Harmony Books，出版时间：1991 年。
- 《阿育吠陀百科全书：疗愈、预防和长寿的自然奥秘》（*The Ayurvede Encyclopedia*），作者：萨达希瓦·提尔塔（Sadashiva Tirtha），出版社：Ayurveda Holistic Center Press，出版时间：1998 年。

网站

- 阿育吠陀整体中心（Ayurveda Holistic Center）：ayurvedahc.com/index.htm
- 阿育吠陀医学国家研究所（National Institute of Ayurvedic Medicine）：niam.com/corp-web/index.htm
- 阿育吠陀每一天（Everyday Ayurveda）：www.everydayayurveda.org

生物反馈：了解你自己

这种高科技放松技巧旨在帮助身体学习如何立刻直接扭转压力反应，让你能够控制曾经认为是无意识的身体机能。生物反馈兴起于 20 世纪 60 年代，在七八十年代非常流行。在生物反馈的练习过程中，你会被装上各种测量身体参数的仪器，来检查体温、心率、呼吸频率、肌肉紧张度等。经过训练的专业咨询师可以引导病人一边看着屏幕上的指标，一边放松。你能够在显示屏上看到心率和呼吸频率下降。此时，你了解了心率和呼吸频率下降时的身体感受是什么样的。多次练习之后，你就能学会如何自行调低心率、呼吸频率、肌肉紧张感和体温等。

提 醒

有些人第一次尝试生物反馈的时候，他们的压力反应会被强化。这很正常也很自然。一旦习惯了观察身体反应这个过程，身体机能就会恢复正常。

生物反馈需要特殊仪器和受训的专业咨询师，所以并不是你自己在家就可以练习的技巧。但是一旦你掌握了该技巧，你就能自己控制身体的重要功能，甚至是你的大脑！

如果想找专业的生物反馈咨询师，你可以尝试查找相关的生物反馈认证机构网站，比如国外的"生物反馈证书机构"官网（www.bcia.org/generalinfo_findpractitioner.cfm）。

创造力疗法

创造力疗法主张通过绘画、写作、雕刻或演奏音乐的形式减压，帮助处理情绪或心理问题。艺术治疗的历史悠久，能够帮助病人解决问题，通过某些方法释放创造力，但需要一位经过专业训练的艺术治疗师。而我们所说的创造力疗法是一个更为宽泛的概念，主要是用自己的创造力来缓解压力。艺术治疗是创造力疗法的一种，但不是唯一一种。在创造力疗法中，你可以写诗、弹琴，甚至可以自制彩色黏土，这些都是有助于减压和表达创造力的方式。

创造力疗法是缓解压力的绝佳方式。当你沉浸在创造中时，会达到一种全神贯注的状态，这和通过冥想达到的精神高度集中的状态类似。让自己和作品融为一体（你的画作、诗歌、短篇、日记、雕塑或是音乐），帮自己释放生活中的各种压力，哪怕只是一小会儿。你的身体会通过放松来抑制压力的影响。

与冥想类似，创造力疗法让你的心绪长时间内专注在一件事上，这是磨炼心智非常好的练习。创造力疗法可以让你自我感觉更好。它使你全身心地集中在自己的空间，而不用去整天想自己要做什么或其他人想让你做什么，这能够帮你表达内心深处的想法、感受、问题、焦虑、快乐，以及释放潜意识深处的意念。

怎么做呢？每天抽出 30 分钟到 1 个小时的时间，选择一个发挥创造力的出口。可能是写日记、练大提琴、玩水彩、在花园里画花，或是在卧室里伴着古典乐跳舞。无论什么形式，都要像冥想一样投入到这段时间中，什么也不能打断你。你应该在一个不会被打扰的安静的地方坐好，开始创作（或者跳舞，或者演奏等）。

在第一个月内，尽量不要太在意你的作品，也不要分析自己的表现，至少不要太认真。等一个月过去以后再回顾你的创作。从中可以看出什么模式吗？有什么基调或主题？其实在你的文字和画作中重复出现的词语和意象就是你的个人主题。如果你跳舞或是演奏音乐，那么其中的动作或声音也含有一定个人意义。花点时间思考一下它们对你的意义是什么，你的潜意识试图在告诉你什么。

> **重点**
>
> 把创造力疗法视为个人私事，无论是画画、写作、雕塑还是演奏，千万不要想着自己在创造"杰作"，这是你的个人作品，只是为自己而做。向自己保证，至少一个月内不向其他人展示，之后你可以再做决定。现在，让你的内在通过这种创作自然地释放出来吧！

即使你不懂绘画、写作、写诗或是别的什么也没有关系，因为你的作品不是用来被评价、分析或是展览的。这份创作直接来自你的潜意识，是释放你内心深处某种执念的过程，这会让你感觉良好。

在进行创造力疗法的过程中有一些小窍门：

- 在创造过程中不要轻易停下来。要持续地写或者画，一旦停下来，你就会很容易开始评价自己的作品。
- 不要评价自己的作品！
- 在你非常累的时候尝试创作，有时疲倦会让你的意识和思绪松懈下来，不再习惯性地约束和评判，让潜意识自然流露出更多意象。
- 向自己保证在这次创作结束前，不要读自己写的东西或是细看自己的画作，否则你很容易开始评价。
- 不要对你的创作太挑剔或是失望。没有什么不对的，所以不要评价自己。
- 面对一张白纸无从下手？不要带着任何想法或者计划，随意涂写，哪怕你写了三张纸的"我不知道要写什么"，或是画了一整页的火柴人，都可以。当你不耐烦的时候，自然会有其他的内容浮现。
- 坚持创作。哪怕一开始看起来没什么作用，但每天创作 30 分钟（或者一开始就 10~15 分钟），坚持下来就会有非常明显的成效。
- 不要因为自己没有"艺术细胞"就认为自己没法利用创造力疗法。每个人都具有创造力，只是有一些人的创造力不像其他人被挖掘得那么多。创造力疗法对没有艺术细胞的人来说一样有帮助（可能帮助更大），这些人没有被灌输"应该"怎么创作。
- 最重要的是，享受这个过程！创造力疗法有趣且能给人启迪！

梦境日志

梦境日志和创造力疗法非常相似，因为不受任何约束的创造和梦境一样，都能接触你的潜意识。虽然对梦境到底是怎么来的仍然存在争议，但很多人都相信，梦能反映出潜意识中的希望、恐惧、目标、顾虑和愿望。

我们都做梦，但记住梦境却不容易。有些人说，自己从来都记不住做了什么梦。而记录梦境就是开始记录梦中出现的意象、主题、基调和情感，这样可以训练你的思维，让大脑做有益身心的梦。因此，记录梦境是很好的减压工具。这种思维训练能够提高你的抗压能力，厘清梦境中的信息，还能帮你消除和摆脱生活中不必要的压力。

首先，准备一个你喜欢的本子，可以是压力管理随笔本，也可以是另一本，将它放在床边。再找一支你喜欢用的、好写的笔。把本子和笔放在床头柜上——你躺在床上也容易够得着的地方。

在你上床入睡之前，闭上眼睛告诉自己："我要记住今天晚上的梦。"提前进行意识设定，第一天或第二天晚上，甚至几周之内这样做可能都没有效果，但最终会起到作用。

早上醒来的一瞬间，先不要起床做任何事，睁开眼第一件事就是要找你的记梦本，立刻开始写。如果你记住了一个梦，那就尽可能详细地写下来。哪怕你不记得了，也可以写大脑里的任何零星印象。在你写的过程中，梦境的零碎印象甚至整个梦境的详细场景都会出现在你的脑海中；如果没有，你仍然可以通过潜意识进行记录，这在醒来后的头几分钟会比较容易。

一直写，直到写完你能记得的所有内容，或者写到刚醒时的思绪慢慢消失。然后第二天晚上继续提醒自己要记得梦境，次日早晨再记录。

事 实

梦到飞起来可能代表着自由、权力、成功或是新的视角。梦到跌落可能象征着缺乏安全感、焦虑、失败或是无法掌控局面的感受。这两种梦境都很常见。想要了解更多关于梦境背后的含义，可以阅读麦格雷戈夫妇（Trish and Rob MacGregor）合著的《关于梦境的一切》（*The Everything Dream Book*），出版社：Adams Media Corporation，出版时间：1998 年。

和创造力疗法一样，一个月内不要回顾你的梦境。一个月后再回去看看，发现主题、基调和反复出现的意象了吗？这可能是你的潜意识发出的信号，反思它们可能想要告诉你什么，对你的人生走向、你的健康、你的关系和幸福有什么启示。你的梦境日志还会给你一些如何重塑生活和减压的线索。

哪怕找不到明显的信号，坚持记录梦境也是好的。就想冥想一样，这个过程帮你专注和聚焦在你的想法上，还会帮你发掘内在的创造力，让你和自己联结得更加紧密。每天花时间自省的人往往会对自我感觉更良好，不易受到压力之苦。就让你的梦境帮助你和你的内在建立稳固而紧密的联结吧！

花精疗法

花精是由水和整朵花制成水溶液然后用酒精保存的物质。其中并没有花的任何实体，但用它的人都相信这种物质含有鲜花的精华和能量，可以促进情绪的疗愈。这种疗法通过稀释震荡而非生化的方式对身体起作用。典型的剂量是每天四次，每次取四滴花精滴在舌头下。

提　醒

花精用酒精进行保存，尽管酒精含量很低，但对于酒精过敏或者正处于戒酒康复过程中的人来说都不合适。此外，只选择那些你认识的花，尤其是传统花精中使用的花朵。你可不想喝到由毒藤制成的花精吧，哪怕藤叶并不在花精当中。

花精疗法是一种安全温和的平衡情绪的方式。虽然你是喝下了药物，但其中并没有实在的鲜花成分，因此没有危害。你喝的只是带有花朵能量的泉水，能量通过震荡产生以后加一点点酒精得以保存。

花精能够改善压力情绪反应，而且没有任何副作用，是调节情绪的自然之法。有一些整体治疗师会开相关处方，但你也可以自己做。其实制作花精的过程也很有趣放松，甚至可以变成一种兴趣爱好！

当然，很多花精中针对情绪失衡的花朵不容易得到。这时，你可以去健康食品店购买或者问问整体治疗师，比如众所周知的巴哈花精或其他品牌。

不同的花精直接作用于不同的情绪失衡，有助于澄清心绪，解开"淤结"的情绪，促进情绪恢复到正常的理性状态。人们常会同时结合多种花精使用。诺尔曼·谢利医生（C. Norman Shealy）在《自然疗法图解百科全书》(*Illustrated Encyclopedia of Natural Remedies*) 一书中说道：制作花精非常简单，完全可以自己制作和治疗。如果你想要自己制作的话，可以看看书，或是向整体治疗师了解一下。如果不想自己做，或者需要一些本地没有的花材，可以从健康食品店或是整体治疗师那里买现成的花精。

> **E**
> **ESSENTIALS**
> **重 点**
> 花精也常用来帮助宠物调节情绪失衡。宠物商店通常会有不同的花精混合物，可以用来帮助宠物克服分离焦虑、紧张、多动，甚至是抑郁。在此之前先去咨询兽医，排除健康问题。

从下面的表格中找出你的情绪压力症状以及可能对你有帮助的花精。

症状	花精
用欢快的表现遮掩问题	龙牙草
长期忧虑、焦虑，思绪繁重	白栗花
强烈的无望和绝望感	金雀花
无法找到人生的意义和方向	野生燕麦
停不下来，忍受不了等待，做事急躁，慢不下来	黑眼苏珊
顺从、被动、冷漠	野生玫瑰
自私、自怨自艾、缺乏感恩之心	柳树
自我谴责，讨厌自己	山楂子
自我迷恋，没法倾听他人或与他人分享	石楠花
对他人的事过于敏感，总担心有糟糕的事情发生在爱人身上	红栗花
拖延、工作倦怠，没有动力去工作	角树
强迫性地为他人付出，无视自己的需求，造成自我耗竭	矢车菊
意志力较弱，喜欢跟从模仿他人	皂角
控制欲强烈、自私、唠叨、操纵他人	菊苣
过分异想天开，不活在当下，活在幻想中	铁线莲
紧张、结巴、聪明但学得慢	灯笼海棠
喜欢评价，过分苛刻，不够宽容	山毛榉
容易因为外界因素沮丧、悲观、低落	龙胆根
强烈的恐惧、害怕、紧张、惊慌	沙漠坐莲、樱桃、凤仙花、铁线莲、圣诞星的混合精华
对过去念念不忘，怀旧，感觉过去很美好，未来希望渺茫	金银花
过度消极、憎恶、妒忌、多疑，报复心强	冬青树

朋友疗法

朋友疗法很简单：找朋友帮你缓解压力！研究发现，没有社交软件和朋友的人常常感到孤独，却不愿意承认。孤独感会让人有压力，而压抑孤独不愿正视会产生更大压力。

有些人在遇到困难的时候自然而然地向朋友求助，而有些人却倾向于封闭自己，明明这个时候他们最需要的是倾听和几句鼓励。

有些人虽然是有可以求助的朋友，但当压力事件发生时反而会中断和朋友的联系。当你有压力时，是不是不再回邮件，不去找朋友，也不跟朋友出去玩耍？学会使用朋友疗法吧，适时地给朋友伙伴们打个电话，告诉他们你的压力状况，请他们倾听但不用给建议，当然如果你想要建议的话也可以。

如果你没有随时可以求助的朋友，或者和朋友已经不再联络，那你可能得现在开始交一些。交朋友最简单的方式之一就是加入某个组织，比如上课、参加俱乐部、去教堂，或找一个兴趣小组。你可能需要尝试不同的组织才能找到真正合适的朋友，只要你不断努力，就一定会找到。

不要给自己找借口说没有时间分身。你可以约喜欢的同事，也可以在学校活动的时候和别的家长切磋经验，或者邀请很久没有联系的朋友吃顿饭，你总是要吃饭的，不是吗？

朋友疗法可不是说独自坐在家里等着朋友上门，而是你要主动与他人接触。有时候，只要几句话，就能找到和你处境相似的人，他们也需要朋友疗法。

朋友疗法并不复杂。只需要与人实实在在地接触，而不是通过媒介远程接触（虽然也比没有好）。打电话也有帮助，但肯定不如在现实中交流更有效。找一个人聊一聊（哪怕不是倾诉自己的问题），玩一玩，暂时休息一下，这些都是很好的放松和提升自尊的方式，同时也有机会为他人提供帮助。朋友疗法并不需要和朋友一起做什么特别的事情，就是参加一些社交活动。

当然，朋友能为你做的或是应该为你做的其实有限度，朋友疗法不仅在于接受，而且在于付出。有效的朋友治疗关系应当是互惠的，如果你总是跟朋友倾诉吐槽，却从不分担他们的烦恼，你们的关系也不会长久！

事　实

建立友谊的方法之一就是求助。熟人和邻居往往不愿意相互麻烦，但求助确实是一个建立互惠关系的好方法。如果你向邻居借铲雪锹或是一些糖，你的邻居之后求你帮忙也会感到轻松一些。请求帮忙比随时提供帮助要有效得多，因为人们一般更愿意帮别人而不是求别人。直接去请别人帮帮你，可能就会开始一段友情。

催眠：炒作还是帮助

大家对催眠往往有先入为主的理解：摇摆的悬挂物，带着德国口音的心理咨询师在暗示控制，被催眠的人像玩偶一样无意识地说话和行动。确实，有些人利用（或滥用）催眠来获得掌声，但催眠和催眠疗法的确是一种合法工具，它能够帮助人们进入更加积极的精神状态。催眠的本质是伴随视觉想象的深度放松。

催眠并不是任由催眠师控制的一种神秘状态。当你在被催眠时，你仍然保留着意识，但你的身体变得非常放松，不愿移动，你的意识会慢慢变窄，你的思绪会更加直白，这种状态下的你更容易接受暗示。正是这种暗示让催眠起作用。

在一生当中，我们常常想要改变自己，改变习惯，改变对压力情况的反应，改变习惯担忧的性格，改变难以入眠的糟糕状态——但是，光是告诉自己"不要这样""快点睡"是没有用的。我们有太多的事情要做，我们常常被困在自己的模式中无法自拔，我们的心绪失控狂奔，我们紧张……这些都让我们没有办法做我们该做的，比如戒烟或是不要太过担忧。

催眠是一种接近睡眠的状态。身体非常放松，不再分散注意力，而是高度集中。因此我们也更容易做我们想做的，这种精神聚焦使意象变得更加真实，从而能够指引我们的行为和感受，并且直接让身体产生反应。这倒没什么新鲜。当我们看电影或是听故事的时候，我们的身体也会表现得如临其境，看到刺激的场面时心跳加速，看到在悲痛的情节时伤心不已，看到有人遭受不公待遇时火冒三丈。

催眠的原理是在身体放松的状态下引导心灵，并让身体随之反应。

催眠疗法是指，专业的心理治疗师利用催眠帮助病人走出过去的创伤，改变消极的健康习惯，或者重新获得对某些行为的掌控力。催眠疗法常被用来帮助人们戒烟或戒掉暴食的习惯，或者治疗慢性疾病。它还能有效改善自尊心、自信心和社交焦虑。

提　醒

处于催眠状态的时候，没人能让你做任何伤害你自己或者其他人的事情（除非你本来就想做），也不能让你做违背你意愿的事。催眠状态只不过是一种高度放松的状态，让心灵更加容易接纳视觉想象和言语的暗示。

不是每个人都能被催眠，但是你确实可以催眠你自己。你必须有意愿去尝试并且遵循催眠的暗示。下面的练习改编自玛莎·戴维斯博士（Martha Davis）、伊丽莎白·罗宾斯·艾舍尔曼（Elizabeth Robbins-

Eshelman）以及马修·麦凯博士（Matthew McKay）合著的《放松与减压手册》(*The Relaxation & Stress Reduction Workbook*)，可以用来训练大脑对暗示的反应。你也可以通过这些测试来判断自己适不适合催眠。如果你在几次尝试后没有任何反应，那催眠就可能对你没什么帮助。

练习一

1. 双脚分开，与肩同宽，双臂垂在两侧。闭上眼睛，放松。
2. 想象右手拎着一个小手提箱，感受手提箱的重量以及对你身体的侧拉作用。
3. 想象有人拿走这个手提箱，然后给你一个中等大小的手提箱。这个手提箱比原来的更大、更重。感受手中的提手。感受手提箱的重量，以及身体随着重量侧倾。
4. 想象有人拿走这个手提箱，然后给你一个大手提箱。这个手提箱异常沉重，重到快要拿不动。手提箱向地面沉下去，同时将你整个身体拉向右侧。
5. 继续感受这个大手提箱的重量，持续2～3分钟。
6. 睁开双眼。你还笔直站着吗？还是微微向右侧倾斜？

练习二

1. 双脚分开，与肩同宽，双臂垂在两侧。闭上眼睛，放松。
2. 想象你站在大草原中间的小山丘上。微风徐徐，阳光灿烂。天气非常好。
3. 突然，风开始变大了。你迎风站着，风越吹越大，推着你整个人往后退，头发也被吹向后方，甚至双臂都被吹得有些向后。
4. 现在风大得几乎让你无法站立。如果你不向前倾，就会被风刮倒！

你从没感受过这么大的风,每一阵狂风都要把你吹倒。

5. 感受这股强劲的风,继续 2~3 分钟。
6. 睁开双眼。你还笔直站着吗?还是有一点微微向前倾斜了呢?

练习三

1. 双脚分开,与肩同宽,手臂前举,与地面平行。闭上双眼。
2. 想象有人在你右臂上系了一件重物。你的右臂必须努力承受这个物体的重量。感受这个重量,想象它挂在右臂上的样子。
3. 想象有人在你的右臂上又系了一件重物。两个物体不断地将右臂往下拉,它们非常沉重,为了举起重物,你的肌肉开始紧绷。
4. 想象有人在你的右臂上系了第三个重物。三个物体太重了,你的胳膊几乎根本抬不起来。感受重物是怎样把你的手臂向下拉的。
5. 现在想象有人把一个巨大的氢气球绑在你的左臂上。感觉气球在拉着你的左臂不断地升高,升向天空。
6. 感觉右臂的重量,以及左臂的气球,坚持 2~3 分钟。
7. 睁开双眼。你的手臂还是平行的吗?还是右臂更低,左臂更高,哪怕只有一点?

如果你尝试这三套练习几次之后,你的身体始终都没有任何反应,那说明催眠可能对你没有用。如果你还是想试试的话,当然也可以!意念力非常强大,只要你想要它发挥作用,就已经成功一半了。很多研究者也都认为,所有人都可以学会自我催眠。

事 实

研究发现,自我催眠是缓解未成年人偏头痛最有效的方法之一。

自我催眠与催眠别人没有太大差别。专业的催眠治疗师可以立刻就能将你催眠，经过一些练习你也可以学会自我催眠。你需要明确你具体想要改变的是什么，比如戒烟或者别让婆婆或岳母每次来你家都搞得你心力憔悴。

　　自我催眠有一系列具体的过程，包括呼吸、肌肉放松、视觉想象。开始催眠，想象自己慢慢走下楼梯，从 10 倒数到 1，然后通过一些具体的视觉想象帮助自己聚精会神，最后在结束催眠时给自己一个心理暗示，让自己按照想要的方式生活。比如，你可以给自己以积极的暗示——"我感觉很强壮，也很自信，婆婆来家里的时候，我能控制好整个局面"，而不是"我不想在每次婆婆批评我料理家务能力差的时候哭出来"。

　　在催眠暗示后，就一边从 1 数到 10，一边让自己慢慢地走出催眠状态，并告诉自己，数到 10 的时候就得恢复清醒。

　　有几本关于自我催眠的书很不错，详尽地解释了如何自我催眠。如果你不习惯自我催眠，可以找一位催眠治疗师。无论如何，催眠都是一种有效的深度放松技巧，能帮你控制原来觉得难以驾驭的压力。

　　你的医生或许能为你推荐催眠治疗师，或者他的同事能够做催眠治疗或者给你介绍人认识。你也可以翻翻黄页或者从熟悉的专业人员那里获得一些建议。

提　醒

千万不要在需要警惕的时候自我催眠，比如开车的时候。深度放松的状态会让身体无法迅速做出保护安全的反应。

乐观主义疗法

　　你确定自己是个悲观主义者吗？乐观主义治疗和心态调整相似，但更关注积极的反应重塑。乐观主义可能被说成是一种自我欺骗，戴着过于乐观的眼镜去看待世界，但实际上乐观主义者更加健康，也更加开心，因为他们认为自己可以掌控生活，而悲观主义者总觉得自己被生活掌控。

心理学家根据一个人对不幸的归因方式来确定这个人属于乐观派还是悲观派。归因风格有三个方面。

1. 内部/外部归因。乐观主义者认为外因造成不幸，而悲观主义者则会责怪自己（内部因素）。

2. 稳定/不稳定归因。乐观者认为不幸是短暂且不稳定的，而悲观主义者更倾向认为不幸是稳定或长久的。

3. 全局/具体归因。乐观主义者倾向于具体情况具体对待，而悲观主义者会把问题看作是全局性的，认为无法避免而且普遍存在。

乐观主义者和悲观主义者在身体健康方面有什么不同呢？差别可大了。研究发现，乐观主义者身体更健康，免疫系统更强健，术后恢复更快，还比悲观主义者寿命更长。

重点

你可以尝试一个有意思的行为技巧——"思维暂停"，用它来抑制你的悲观倾向或其他精神压力反应。在练习"思维暂停"的时候，先想一个你比较容易产生的悲观想法，把这个想法和一个清晰的图像联系起来。计时3分钟，闭上眼睛，集中精神思考这个图像。计时器一响就喊"停下来"，重复几次。之后，每当这个图像出现的时候，都小声跟自己说"停下来"。这会打断你的想法，让你有机会能够有意识地用更积极的想法替代悲观想法。

悲观主义者和乐观主义者思考问题的方向不同，因此即使面对同样的压力，悲观主义者也会感受到更多的压力。对压力的感知程度会直接影响到身体反应，所以悲观主义者的压力反应更加严重。乐观主义者多会采用一些积极的措施来应对压力，比如运动或是健康饮食。而悲观主义者可能会持有宿命论的态度，无论吃什么、无论运不运动都无所谓，所以他们会选择最容易的应对方式。悲观主义者往往更孤立自己，变得孤单，结交一些对自己有负面影响的朋友，比如其他悲观主义者或者是健康习惯很差的人。

如果你是一名悲观主义者的话，该怎么办呢？你能改变吗？当然能。你只需要做一点乐观主义疗法！研究发现，即使在你不开心的时候，微笑也能让你感到开心。但乐观主义远不止强颜欢笑。假装乐观实际上可以让你感觉到你就是这样的，能帮你的身体学会像乐观主义者一样做出反应。

如果你的悲观只是暂时的，那你可能自己就能帮助自己。每天伊始，起床之前，趁着还没过于悲观，跟自己大声说几遍下面这些肯定的话。

- "无论今天发生什么，我都不会评价自己。"
- "我的生活会由内而外地改善。"
- "我会健康地享受今天！"
- "无论我身边发生什么，都会是好的一天。"
- "今天可能是好的一天，也可能是坏的一天，我选择要好好过。"

然后在一天中选择某个时间段或者选择生活中的某个方面，并且立誓要在这个时间段或这个方面保持积极乐观。你可以选择午餐时间，或是例会时间，或是吃饭前和孩子相处的时间。在这个时间段内，每次想到或是开始说一些悲观的话，就要立刻用一些乐观的字眼或想法代替它。比如咖啡洒出来了，不要说"我怎么这么蠢"，而是说"哎呀！杯子在手上滑了一下"。在面对工作批评时,不要想"我的领导总是讨厌我做的工作",而是改变想法,跟自己说:"她不喜欢这个任务的这个部分,但其他部分还是挺好的!"

可能一开始练习的时候你会感到勉强和不自然,但练得越多就越习惯。你可以养成乐观的习惯,这对你的健康大有裨益!

如果你是一名忠实的重度悲观主义者,并且可能还在承受抑郁之苦,那么你可以向专业的心理咨询师寻求认知疗法的帮助。在认知疗法中,咨询师会帮助病人发现悲观或抑郁想法对心情的影响,还会帮助病人了解这些想法根深蒂固的本质,然后及时觉察自己的悲观行为。认知疗法对抑郁症非常有效,有些研究发现它和抗抑郁药物同样有效(对很多抑郁症患者来说,认知疗法配合服药效果最好)。

自我奖励疗法

如果你训练过小狗,你可能了解正强化训练,因为现在大部分动物训练师都会运用这种方法。不止狗狗,人做事情也是为了两个理由:

1. 获益或者被奖励。
2. 避免不好的事情。

第一个原因更有吸引力,也更正面。你看到一块巧克力蛋糕,你知道自己不应该吃,因为会长胖(负强化),但你还是想吃,因为好吃(正强化)。哪个更有吸引力,吃还是不吃?

如果你能用正强化的方式管理压力(且不说别的习惯或是要做的改变),你就更容易成功。哪怕负强化成功了,你没有吃蛋糕,但你也不会那么开心,坚持下去的可能性就没那么高。如果不吃蛋糕的奖励是晴天在公园里散步或是下午看场电影呢？比起只是不长胖来说，这些条件更诱人不是吗？

但谁有时间每次都给自己奖励看场电影呢？你的奖励不需要太花时间，只要是奖励就可以了。你可能不会像小狗一样因为饼干就蹦来蹦去，但并不意味着你不喜欢奖励。列一个你个人的"奖励"清单，每次你觉得要和压力打一场硬仗的时候，就跟自己保证要从清单上选一个奖励给自己。你会表现得非常好，奖励的承诺会让你积极思考，放松应对，享受这种类似于"行为训练"的过程！奖励就像是狗狗训练时动物训练师会说的："真是个好孩子！"

事　实

驯狗师琼·唐纳森总结了狗狗最喜欢的五种奖励。你可以根据自己的情况修改这个清单。

1. 食物。
2. 能接触其他狗狗。
3. 能接触户外和有吸引力的味道。
4. 来自人的关注，和人接触，尤其是经过一段时间的独处以后。
5. 开始玩耍或进行其他喜欢的活动。

你的个人奖励清单或许是这样的，当然这些也只是一些建议，你完全可以按照自己的情况来设计。

- 今晚不做饭，叫外卖或者出去吃。
- 做按摩（付费请人或是叫家人帮你）。
- 上瑜伽课。

- 早点上床睡觉。
- 再看一遍自己最喜欢的电影。
- 抽时间给朋友打电话聊天。

持续的奖励会让生活更有趣、压力更小，还会帮你提升和保持自尊心，因为你在自己身上花了时间，通过奖励的方式为自己庆祝，让自己产生了相应的价值感。所以用正强化来帮你享受生活吧！

第十章

减轻生活琐事带来的压力

你可以把压力管理技巧应用到日常生活中来减轻压力。那怎么管理日常生活？怎么管理自己的金钱、时间、工作、家庭和人生？减少日常琐事的办法很多，简化日常琐事，让自己变轻松，花费更少的时间，没准还能多一点乐趣。你会在本章中学习如何减轻生活琐事带来的压力，从而有更多的时间享受生活。

金钱

如果把所有让你压力很大的事情列个排行榜,金钱排在第几位?对很多人来说,金钱是导致日常压力最主要的原因,常常觉得自己钱不够花,或是有了钱却不知该如何理财。

理财可不只是保证日常花销的同时有所节余,或者有一个相对收益较强的投资组合。人类和各种形式的货币打交道已经有数千年的历史,关于钱的概念深植内心。我们对金钱有各种或隐晦或直接的复杂感受,有困惑,有贪念,有时甚至难以言喻。可能你有时候会说"只不过是钱吗",这可以在奢侈地消费了一把或是没钱的时候安慰自己,但几乎很少有人真的视金钱为身外之物。

事 实

研究发现,收入与报告的主观幸福感或是生活满意度没有明显的联系。

钱对我们来说很重要,也是文化的重要组成部分。有的人甚至说钱能支配整个世界,但你不该让钱支配自己。

美国著名的个人理财规划师和投资顾问苏茜·欧曼(Suze Orman)在《九步达到财务自由》(*The 9 Steps to Financial Freedom*)这本书中给出的第一步就是:"通过回忆来寻找你开启未来财务之门的钥匙。"童年时期关于金钱的记忆极大地影响了我们现在对金钱的感受,这一点可能我们自己都意识不到。

你可能在成长过程中遇到过对你不太友好的有钱人。你有没有鄙视过有钱人,认为他们一定不了解人生中最重要的事情,比如爱和家人?或者你成长于一个衣食无忧的家庭,然后接触过不太有钱同时不太可靠的人家。那对低收入的人，你是否存有戒心呢？

你的家庭可能很看重金钱，也可能一点都不在意。可能有人教过你如何理财，但大部分人都不太了解要如何管理金钱，哪怕现在成年了，也只知道支付账单买东西，其他的一概不知。

世界各地的文化也有很多关于金钱的思维定式。电视剧、电影和书里常常把富人塑造成势利小人，把穷人塑造成好吃懒做的小偷；嗜钱如命的守财奴都是疯子，倾囊相赠的大善人都是天使。有时候，有钱或是想赚钱就是罪恶，但没钱好像也有罪。

E ESSENTIALS 重点

浪费金钱的一个地方就是你的厨房。每周有多少食物是买了但没吃的？有多少食物坏了，被丢掉了？有多少饭盒里的剩菜都已经面目全非了？橱柜里有多少食物是一时兴起而买的，但几个月过去了也不会想吃？规划好你的三餐，避免冲动消费，学会做分量合适的三餐，每年能帮你省不少钱。

在美国，"中产阶级"一直被认为是最理想的群体，这个梯队越来越庞大，绝大部分人都认为自己属于中产阶级。绝大部分人都没有生活在贫穷中，但也称不上有钱。这不就是让我们舒服的状态吗？但我们还是对金钱和财富着迷，放不下金钱带来的购买力，对贫穷充满恐惧。这不就是资本主义吗？

"不就是钱吗"，为什么会让我们这么痴迷？钱不是简单的东西，但也不意味着要搞得很复杂。你需要做几件事来减轻经济生活带来的压力：

- **客观准确**地了解你对金钱的态度，包括你的偏见和成见。
- 持续警惕自己对金钱的成见，不要被这些成见所控制。

- 针对现在和未来制定非常具体的财务目标。
- 制订非常具体的实现财务目标的计划。
- **准确**了解收入和支出的情况。
- 开始存钱。

有很多专门讲理财的书值得一读,本书只讲和缓解压力相关的部分。希望本书能够激发你去了解更多的知识。现在,我们开始逐步分析。

你对金钱到底是什么态度

在下面或是压力随笔中记录你对金钱的**真实**态度(可能和你自认为的金钱观有所不同)。

1. 从情感角度来说,当你想到自己现在的经济处境,是什么感觉?

------

2. 看看你对自己的经济处境有没有消极感受。为什么你会有这些负面的感受?

------

3. 你的父母对金钱是什么感觉?

------

4. 当你还是孩子的时候，你的家人如何看待比自己更有钱的人？

---

5. 当你还是孩子的时候，你的家人如何看待不如自己有钱的人？

---

6. 描述一个发生在童年时期，能反映你的家庭对金钱态度的事件。

---

7. 选出可能影响到你对金钱感受的一本书、一部电影或是电视节目等，描述一下。

---

8. 如果你有足够的金钱，并且余生都很有钱，那你会有什么感觉？

---

9. 列出你所坚信的生活中比金钱更重要的事。

　　------------------------------------

10. 在你的生活中，有什么非常具体的改变能够让金钱不再给你带来压力？

持续了解你的财富成见

　　现在看看你的答案，看看自己是否对财富存在偏见。如果你想简化自己的经济生活，那就要考虑到这些偏见。如果你觉得"有钱是不对的"，那你可能一直都在下意识地搞破坏，阻止自己获得稳定的经济收入。可能你坚信钱不应该占有重要地位，但生活的确因为缺钱而受到牵制，因此钱反而成了你生活中最重要的事。可能你觉得自我价值和经济价值是相关的，你觉得只有钱才能衡量自己的价值。可能你确实觉得钱能买来幸福，或者钱是罪恶之源。

　　无论你的信念是什么，都要先了解它，然后不断去质疑自己的成见，不让它扼杀你的经济生活。你和钱的关系应该清清楚楚，不被成见所蔽，否则经济生活可能永远都会是你的压力来源。

提 醒

很多人意识不到自己害怕比父母赚得多。这很自然，但是需要克服。尽管财富对你的家庭来说是未知的领域，也不代表你不能成为拓荒者。

制定非常具体的财富目标

如果你不了解要钱来做什么，那钱对你就不会有太大的作用。无论你赚多少钱，是炒股还是付不起房租，你都得有明确的财富目标。如果你知道自己向着什么目标去积累财富，那生活就不会那么有压力。哪怕要花很长时间，你也至少应该知道方向。

每个月你需要花多少钱？（大部分人都低估了这个数字。）退休前你想要存多少钱？你需要给孩子存大学费用吗？买房要多少首付？你想用多余的钱投资吗？如果你不能工作了，应该有多少存款来保证你接下来六个月的花销？

列出财富目标，无论看起来有多么不可能实现都可以，自己做或者找专业的理财规划师。

1.
2.
3.
4.
5.
6.
7.
8.
9.
10.

| **E**
ESSENTIALS | **重 点**
一辆车只要被人买过就变成了旧车。据说一辆新车只要售出离库，价值就会立跌 30%。而购买旧车能省很多钱，很多时候还能避免月供或是额外的利息。很多经销商还会给旧车做担保。一定要让可靠的机修工好好检查你买来的旧车，保证没有大问题，然后就尽情享受省下来的钱吧！|

制订一个具体的计划

仅有目标还不够，你还要有一个可行的计划。如果目标太宏大，那就找一名优秀的理财规划师来帮你。任何人都能努力实现财富目标，理财规划师的工作就是告诉你如何实现。如果你没有准备好，或者想要自己弄明白，那可以看看相关书籍。

要想实现财富目标，或许可以考虑节流，而非开源。在过去十年间，简单朴素、勤俭节约的生活越来越流行，因为人们发现赚多少钱都没法带来精神上的满足。书籍、网站报道、新闻邮件等媒介都有很多相关信息。下面提供几条建议，通过简化需求来减轻经济压力。

- 了解广告的性质，明白它就是想让你购买那些本来不需要的东西。
- 每次要花钱的时候，停一下，深呼吸，问自己："我真的很想要它吗？还是只是此刻想要？"
- 每次要花钱的时候，停一下，深呼吸，问自己："我辛苦赚来的钱，花在这上面值得吗？"
- 如果你决定了自己真的想要某个东西，而且它值这个钱，哪怕对其他人来说是浪费（比如，当实在不想做饭的时候去饭馆吃饭，一件找了很多年的别致的美洲早期陶器，或者一双完美的鞋），买下来可能比错过让你压力更小。
- 列出你能跟家人或朋友一起做的不花钱的事情，尽情想象，然后实践这个清单！
- 慢下来。你不必一直外出买买买。为什么不和家人或朋友待在家里，什么也不做呢？
- 少开车。多走路，多骑车，多乘坐公共交通工具。
- 你真的需要那么多额外的付费电影频道吗？不收费的电视台满足不了你吗？
- 做饭很有趣，自己做饭比吃速冻食品便宜。
- 你多长时间去一次健身房？如果你更愿意散步、慢跑、骑车的话，办卡不是浪费钱吗？对有些人来说，花钱健身很值得，但对有些人来说，这只是白白浪费金钱。
- 园艺种植一开始需要投资（或多或少，取决于你的节俭程度），但会结出果子，而且可以借此锻炼锻炼，还可以在春夏季节享受新鲜空气。
- 把你的精力放在摆脱你不需要的东西上，而不是添东西。
- 学会体会简单生活的乐趣和自由！

清楚地了解收入和支出

清楚记录每一笔收支并不是件容易的事情，很多关于理财的书都会教你这样做。哪怕你不这么做，至少也应该清楚自己每个月主要的一周或者两周的收支情况，否则你不会知道自己的钱花到了哪里。不盯着的话，钱确实会溜走啊！记账也是一种习惯，是一种可以养成的好习惯。如果你知道自己的钱花在了哪里，就能制定更实际的预算，而不是一些异想天开的预算，你以为能实现，但其实从来做不到。

每天记录下你花的每笔钱还有另一个惊人的作用：减轻压力。单单了解钱去了哪儿就会有惊人的镇静效果，因为哪怕自己没钱了，至少你也知道自己把钱花在了哪里。你有没有过一个小时都在抓狂地想自己刚从 ATM 取出来的 20 美元怎么没了？所以，了解就成功了一半。说到钱，知道它去了哪儿真的就是力量。

知道自己花了多少钱，就能弄清自己有多浪费。你敢信自己一个月在咖啡上就花了 75 美元吗？这不是很荒唐吗？如果你也这么觉得（你可能觉得是值得的，但如果你觉得不值得……），那你就清楚哪里需要改变了。

经济压力很大一部分是因为不清楚、不知道钱花到哪里去了，所以不停地想，想要钱又怕花钱。你应该觉得钱是有生命的。一旦你清楚地了解了，你就有了控制权。它要去哪儿或不去哪儿，都是你说了算。哪怕没有多少收入，这种控制感也是非常好的。

提 醒

现在很多理财专家建议更保守地投资，比如存款或是共同基金，不要投资一些高风险的股票。利用投资来保底可能只是暂时的，所以要一直存钱。不要指望用投资的收入来弥补存款。

建立财务储备

经济压力的很大一部分原因是，你知道自己没有足够的银行存款来应对紧急情况。如果你的车坏了，或者突然有一大笔医疗开销，或是房顶裂了，或是某位亲戚需要帮忙，但你没有任何备用资金，当这类情况发生的时候，你的压力水平可能会"爆表"。

但如果你有储蓄，那你就会轻松多了，许多专家建议将六个月的收入放到容易取出来的储蓄账户或货币基金账户中，哪怕你用不上这些钱，你也知道需要的时候有的用。动用这些钱以后，要第一时间把这笔钱再次补足。

怎么建立储备呢？一想到自己的收入刚能支付自己的花销，就感觉这件事可能很难，但存款成功的人说，他们在花钱之前，会先把赚的每一笔钱都存上至少10%。设置每月自动扣除工资10%可能会更简单，就好像用来缴税一样，这样你就没机会碰这笔钱了。

形成习惯之后，你就基本不会想到这笔钱。然后在减掉10%的基础上，再重新调整自己的花销。等到真正拮据的时候，你也能靠存款坚持一段时间。

把这个当作你的首要任务，这种方式能轻轻松松地让你在财产方面安心。弄清你每个月需要多少钱，然后乘以6，这就是你的储蓄目标。之后每个月的工资都先存10%到储蓄账户里。

如果每个月存10%，那你得要五年才能存储六个月的工资量。想要存得更快的话，可以根据情况额外放入更多的钱，比如节假日红包、中彩票的钱等。或者今年存10%，明年存20%……有些人甚至每个月只花一半的收入，然后把剩下的钱全部存起来。这相当厉害！如果你的收入不允许存这么多，那这个目标对你来说可能并不实际，但是你越适应简单的生活，就能存越多的钱，你也会感觉更好、压力更小。

提 问

如果压力来自从不挥霍或是随意花钱,总觉得自己一定要存钱做预算呢?

"这不公平!"你会这么想也可以理解。很多经济拮据的人说有经济压力的时候,他们只想出去花钱,但如果这样做了,就会在坑里陷得更深。你要记住:你可以养成不花钱也能享受的好习惯,偶尔有节制的挥霍比挥霍无度要合理安全得多。

零压力理财的五个黄金法则

在结束金钱话题之前,我们来看看零压力理财的五个黄金法则。无论你的消费倾向是什么,收入是多少,有怎样的财富成见,存款余额有多少,这五个黄金法则都能帮你减轻日常经济压力。抄下来,贴在你看得到的地方,并开始采取行动。

立刻上手这些法则并不容易。如果有必要的话,可以把它们加入你的财富目标清单。坚持这些法则能够把生活相关或不相关的钱放到合适的地方,作为一个工具帮你很好地掌控、维持和改善你的生活。

1. **入能敷出**。换句话说,不要花的钱比赚的还多。如果不是完全必要,就别用信用卡。如果没有足够的现金去购物狂欢,那就别去了。当然,要实现这个法则,你需要知道自己每个月有多少现金能花(参考之前"清楚地了解收入和支出"部分)。

2. **摆脱债务**。还清高利贷是你的首要任务。债务可能不是你能掌控的,很多引起长期压力的事情也不是你能掌控的。光是心里挂着巨额债务就足以激发压力反应。所以,首先清空你的债务,然后开始存款。只要你开始还债，你就会觉得头顶的乌云在一点点消散。别听那些人讲什么债务少不了，美国人都这样。胡说八道！房贷车贷可能短期内偿还不清，但其他的都要还清，让自己能够轻松地呼吸。

3. **简化财务**。建立一个简单的财务管理制度。所有的交易都在一家银行操作。如果可能，将工资自动存入银行账户，设定自动支付或在线支付，这样就不需要一直往银行跑。如果要投资，就只选一家公司。如果投资让你觉得压力大，就别做。

4. **了解自己的财产**。知道自己挣多少钱，花多少钱，钱都在哪儿，投资能给自己赚多少钱。了解并且相信你的经纪人。如果你自己做投资，就记录你做的每笔投资。保持收支平衡，核清银行账单。不知道支票会不会被退，投资是赚钱还是赔钱，存了多少钱……没有这些问题你就不会那么焦虑。

5. **规划未来**。存钱，存钱，存钱！一时牺牲放弃买一些不需要甚至可能不会用的东西，不去花大价钱改建房子或是买非常高端的越野车，选择搬进一个小一点的、负担得起的房子，少在外面吃、多在家里吃，所有这些都有利于存钱，而且从很多方面来看也都是值得的——你的生活会变得更简单容易，你会攒出存款，从而减轻很多压力。

时间管理

可能相比于金钱，缺乏时间会让你压力更大。如果总觉得时间不够用，那你可能有长期压力。虽然我们每个人每天都有同样多的时间（24小时），但时间的可塑性真的很神奇。你有没有发觉，有时候1个小时过得就像5分钟一样快，有时候又像3个小时一样慢吞吞？有的工作日一晃就过，有的可能才上午 11 点就觉得该到下班时间了。你能利用好时间的可塑性吗？

你要相信自己可以！尽管有人说"快乐的时光总是短暂的"，但在你凌乱无条理的时候，时间也过得很快。如果你有 3 个小时，而没有有效地利用这些时间，那你在这 3 个小时中就要不断切换任务、分散精力，这 3 个小时也会一闪而过。

如果你的时间安排得井井有条，能够每次集中注意力做一件事，那么你会感觉时间的数量和质量都大大提升。哪怕只完成了一件事，你都会感觉到很满足，而不会感觉煎熬，觉得时间过得很慢。时间似乎过得很快，但你完成了一些事情，你就会享受这种成就感，增强自己的自尊心，减轻压力。

E ESSENTIALS 重 点
如果觉得时间匆匆流逝，那么往往这些时间都没有安排得当，没有被充分利用。如果感觉时间被延伸了，在这段时间里完成了一些实实在在的东西，那么才发挥了时间的意义，没让时针白白地走。让时间发挥最大价值的秘诀就是专注，完全专注在你做的事情上，只要跟着状态走，每一分钟都是充实丰富的。

学习有效管理时间还需要一定的练习，但如果你有计划，时间管理就很容易。很多书和网站都有关于如何变得有条理以及管理时间的内容。一些不必要的压力来自精力分散和时间浪费，管理时间能帮你从不必要的压力中解脱出来。现在可以通过下面这十条时间管理戒律开始。

1. **从小步开始**。如果你有太多目标要实现，待办事情也很多，或者对自己期待太高，那你注定要失败。一次开始一小步，比如在前一天晚上准备好第二天要穿的衣服，节约早上的时间；或是每天晚上都不留脏盘子，第二天早上吃早餐就不会那么匆忙。等你完成好了一步，再进行下一步。

2. 认清自己在时间管理上的问题。你是不是能在工作时非常好地利用时间，但在家里这种没规划、没要求的环境就特别缺乏时间管理技巧？可能你一个人的时候能把家里安排好，但如果有家人在，就好像很忙碌，没有可以一起放松的时间？你每天都在处理其他人的危机，承担琐碎的事情，永远没有时间坐下来专注于自己的工作？弄清楚你的问题，找出你的时间都是怎么被消磨没的。

3. 找出时间管理的优先级。列出你最想花时间完成的那些事情，然后排序。你是想把家人排在第一位，整理家务排第二位，然后是个人时间？还是想花更多时间工作，花少点时间处理别人的危机呢？抑或是想花时间在自己的爱好上？花时间谈恋爱找浪漫，还是仅仅想要多点时间睡觉？

4. 专注于前五项。看看时间管理优先级的前五项，专注在这几条上面。如果你的时间没有花在最优先的五项上时，要格外注意。

5. 建立策略。新的一天开始，要知道自己往哪儿走，要做什么。没有规划的时间常常会被浪费。这不是说你不可以随机行事，也不是说每天留两个小时不做任何规划的放松都不行。哪怕特意一整天不做任何规划也是值得的。但如果你连计划都没有就想一天完成十件事，那就是浪费时间，就会有压力。找一些对自己有用的策略。

6. 说"不"。你的时间很宝贵，甚至比钱还宝贵。为什么你要将时间浪费在别人身上或者是不重要的事情上呢？学会对花费你时间的请求说"不"，除非这对你来说特别重要。你不一定要做小组成员，不一定要参加那家俱乐部，也不一定要参加那个会。拒绝，然后你就会发现本来要降临到你身上的压力自行消退。

7. 放手。如果你已经承担太多，就要学会放下。不要让任何事情浪费你的时间。如果花费时间来放松，帮助自己恢复活力，那就不是浪费。来回踱步和心急焦虑就是浪费时间。在对你没意义的会议上待着就是浪费时间，积极参加能激发你的委员会就是有意义的。把那些对你不是特别重要的糟粕全都撇开。

8. **收取更多回报**。如果你是个体从业者，不要把时间浪费在回报和时间成本不对等的事情上（只有当你有足够实力时才能这么做），但这个法则不仅仅适用于工作和实际的金钱收入。做任何事情都需要时间。得到的回报值得所花的时间吗？如果不值，就放弃它。

9. **之后再做**。你真的每天都需要彻底打扫一遍房间吗？你真的需要每10分钟就查一下邮箱吗？你真的需要今天换床单、清理车、修整草坪吗？如果之后再做只是为了拖延，那省下来的时间只不过花在了担心上。但有时候，当你的时间很宝贵时，把不那么重要的琐事安排到以后再做就能帮你减轻压力，让生活容易一些。虽然很多事情是需要完成的，但不一定马上就要做完。

10. **记住，没有时间永远都是借口，不是理由**。如果事情真的重要，那你一定可以腾出时间去做。你只需要停止把时间花在没那么重要的事情上。你应该对自己的时间有掌控权，而不是被时间掌控。

工作中的压力管理

对很少的一部分幸运儿来说，工作是焕发活力、得到自我满足感和减压的源泉。但对大部分人来说，虽然工作偶尔或经常有回报，但也是重要的压力来源。人们工作量越大，工作日越长，就越想早点退休。谁没有浪费一点时间想过，如果我中了几百万美元的彩票，我会怎么做？我们会把老板责骂一番吗？高调辞职？再也不上班了？

实际上，有研究追踪过彩票中奖者的生活满意度，结果发现他们在辞职之后极少有人感觉更开心，大部分觉得没那么开心了（中彩票本身也有压力）。任何工作都是有压力的，也会有单调的时候，但是工作带给我们的不只是工资而已。我们从工作中获得自尊、目标和自我价值感，我们从接触社会、遵守规则和承担责任中受益。

如果你的工作没有给你带来这些收获，可能你应该考虑改变。现在，无论是不是自愿的，人们都比过去更愿意尝试变换职业。看看下面这个清单，有几条符合你？

- 大部分日子我都不愿去上班。
- 我下班到家之后太累了，什么也不想做，只想看电视或是睡觉。
- 我在工作中得不到尊重。
- 我的收入和我的价值不匹配。
- 我跟别人说起自己的工作时感到尴尬。
- 我对我的工作感觉不好。
- 我的工作不能让我实现自己的潜能。
- 我的实际工作和我的理想工作距离很远。
- 如果我能承担得起的话，会立刻辞职。
- 我的工作让我无法享受自己的生活。

如果这个清单上有两条以上都符合你的情况，那你该考虑换一个工作。如果你暂时没有能力做你想做的事情，那你需要一个计划。找到你感兴趣的领域，然后看看需要进行哪些培训。存一些钱以便能开始做你想做的事。如果你不确定自己喜欢什么，可以找职业咨询师帮你分析哪种职业可能更适合你。

事 实

根据美国国家职业安全与健康研究所（National Institute for Occupational Safety and Health）的研究，工作压力指的是"当工作要求和员工的能力、资源及需求不匹配时，产生的对身体和情绪有害的作用"。

如果你喜欢自己的工作，但工作上某些方面的压力超过你的承受能力，你可以采取一些措施来控制这类压力。适当的压力是好的，可以激发你的动力，提升你的表现，但不要超过你的压力承受水平，至少不要超过太多。

首先，找出工作中哪些方面让你压力最大。可能工作本身还好，但同事很让人头疼，也可能情况相反。思考以下几个工作方面，记录你对这些方面的感受。针对每个方面写一写感受，或许能够帮你更清楚地了解自己的压力所在。

在下面或是你的压力随笔中记下答案。

1. 我对工作同事的感受是：

_____

_____

_____

_____

2. 我对上司的感受是：

_____

_____

_____

_____

3. 我对工作环境的感受是：

---

4. 我对自己工作背后的价值和意义的感受是：

---

5. 我对每天在做的工作的感受是：

E
ESSENTIALS

重 点

你的工作环境符合人体工程学标准吗？如果你在工作场所感觉不舒服，那就避免反复性动作损伤，以免落下病根，赌上自己一辈子的健康。跟你的雇主谈一谈，力求做一些更符合人体工程学的改变，比如购置新的家具或设备，或者提高任务转变频率。

6. 我对自己工作重要性的感受是：

---

7. 我对工作最喜欢的地方是：

8. 我对工作最不喜欢的地方是：

9. 我的工作在以下这些方面运用了我的技能：

10. 我的工作没有用到我在以下这些方面的技能：

11. 工作没有满足我的需求，在其他地方能满足或不能满足的原因：

12. 我希望我的工作能有以下这些方面的改变：

回答这些问题以后，你会更加清楚自己对工作的满意和不满意之处。现在列出工作中导致你产生压力的事情。每一条后面都圈出"O"或者"X"，"O"代表你觉得能承受这个压力，"X"代表你不能承受这个压力。

1. O X _____

2. O X _____

3. O X _____

4. O X _____

5. O X _____

6. O X _____

7. O X _____

8. O X _____

9. O X _____

10. O X _____

看看有哪些方面你圈了"X"，一个都没有？那你现在状态挺好的。但凡有一个或一个以上，你就得针对这些方面的压力做出改变了。

提 醒

嘈杂的工作环境可能会让你压力很大,而你甚至可能察觉不到。最近康奈尔大学的一项研究发现,相较于在安静环境中工作的人,在开放环境工作、能听到其他工作人员产生的噪声的人,其血液内的肾上腺素更高。而这些在"嘈杂"环境下工作的人员甚至没有觉察到自己的压力更大。

当然,怎么应对工作压力取决于压力的具体类型。你可以尝试以下几种不同的方法:

- 回避压力源(比如一个让人压力大的同事)。
- 清除压力源(委托其他人或者与其他人一起做你讨厌的工作)。
- 直面压力源(跟你的上司谈一谈他有没有让你的工作更难做)。
- 管理压力源(给任务增加一些愉悦性,完成后给自己一些奖励)。
- 协调压力源(忍受压力,同时练习缓解压力的技巧,帮你平衡其影响)。

工作是生活的重要组成部分。如果能回避、消除、直面、管理或是协调来自工作的压力,你的整个生活就会变得更加平衡,压力也会变小。关键是正视和应对压力,而不是无视它,继而让负面影响逐渐升级,以至于你开始不去上班,或者明知是好工作,却随时可能丢掉工作。

给自己建一个避风港

在漫长、紧张而忙碌的一天过后,你回到家——你美丽的城堡、温馨的港湾、安宁舒适的天堂，但映入眼帘的却是脏衣服、一堆脏盘子、一打摆放凌乱的报纸和杂志，厨房都是脚印，客厅堆满了盒子（你还得穿过这些杂物进房间），哦！天哪，还有昨天就该还的录像带，晚上该吃什么还不知道……突然之间，回家似乎也没那么放松了，然后你抓起一张比萨的优惠券，开始翻箱倒柜地找你的无线电话。

事　实

根据1999年9月CBS晚间新闻报道，第五次美国劳动节年度调查发现，超过一半的美国员工在工作中感受到一定压力或是极大的压力，1/6的员工称"生气到想要打同事"。讽刺的是，最常见的一种压力来源正是本该让生活更便捷的科技。

但回家不一定非得搞成这样。只要你想，结束了一天的工作回到家，或者在家待一整天可以是一件很放松很平静的事，甚至可以非常开心。这是你的家，你想让它变成什么样都可以，它不该是你的又一个压力负担。如果你的家不是你想要的样子，那你可能需要进行一点压力管理。

家和办公室反映你的生活状态

环境反映了人们的生活状态。所处环境存在问题，生活往往也不会完美。

其实想一想，这个说法不无道理。如果家庭环境是生活状态的一种反映，那么你的生活是好是坏？仔细观察一下周遭。你的生活中是否堆满了乱七八糟没用的东西？是充满生机还是一潭死水？你有多久没有审视过自己的生活状态了？

家里的书房也好，工作场所的办公室也罢，都会反映你的生活状态。

你的生活中堆满了待付账单吗？到处都是需要整理的文件吗？周遭全是琐碎但没有任何价值的信息吗？是不是有大量不能正常工作的设备，以及胡乱堆放的书籍、文件、活页夹和文件夹？

如果你觉得现在的家或是工作环境并不是你脑海里想要的状态，那就开始动手整理。让你的家和办公室反映你的生活状态，让它和你的生活匹配。把乱放的东西移走，保持整洁，营造一个积极放松的环境，这将会在每天结束后给你减压。

一旦家里整洁了，你会发现在家待着都能帮你平静下来，恢复精力。家里开始变乱的时候，你会马上看到压力正在入侵你的生活。

E ESSENTIALS 重 点

改变你的外部环境能奇妙地、自然而然地改变你内心的环境。不清理掉环境中乱堆的东西，你可能永远都意识不到它给你带来了多大的压力。整理干净，按照自己想要的方式生活，你会发现在家里的时候有多宁静。你看得到你爱的东西，找得到你需要的东西，把碍事的东西移除，一切便都变得简单了。

简化生活

想要让你的家变成能让你放松、感觉到安宁的地方，最简单的做法就是简化。在每个屋子里待一阵儿，列出所有你在这个房间要做的事情。这个屋子的功能是什么？有什么妨碍了它的功能？怎么才能让房间显得更简单，功能也简单一些？

用每天做一点的方式来简化清理性的家务。提前一周计划好你要吃什么，然后一次买好。你可以通过简化在家的生活来减轻自己在家时的压力。很多书籍、杂志和网站都在介绍简单生活。下面是一些简单的建议：

- 衣服穿久一点再洗（除非有污渍了）。
- 选一个什么都能收纳的衣橱。
- 别那么频繁地换床上用品。谁会注意到呢？
- 把那些让生活更复杂又没有什么大用处的东西扔掉或收起来，比如常常需要除尘的装饰物、需要一直浇水的植物、不能放进洗碗机的盘子、必须干洗的衣服，等等。
- 雇人修剪草坪、耙树叶、跑腿、看小孩，考虑请人做保洁。
- 还有很多简化的方式，继续寻找。

腾出更多空间

有的人在堆满东西的屋子里感觉很舒服。但是，一张干净没有乱摆东西的桌子，只挂一件装饰品的墙，没有乱摆任何玩具、书或衣物的宽大地毯，只摆放几件基本必需的家具，这样的屋子会让人感到放松而安宁。并不是所有人都愿意住在简单实用的家里，这么多年你可能已经积累了很多装饰品了吧。

为什么不把一部分东西收起来或者送人，腾出一些空间呢？当你的桌面、地面、墙上有了更多空间时，你会觉得脑子里也有更多空间了。在干净整洁的环境里，你会觉得更加放松和冷静。如果你捐出一些东西，还会收获帮助他人的满足感。如果你卖一些衣服或东西，你还能赚一点零用钱。

摆脱凌乱，摆脱压力

东西乱放不只让你的家、桌子、车库看起来乱糟糟，还会让你的脑子也乱糟糟的。你的东西越多，你就越操心，特别是那些不好整理的、不合适的、易丢的、费神的东西，你得找它、保养它、保存它、处理它、管理它。给你的家进行断舍离，是打造一个让你无压力的宁静港湾所要做的最重要的事。

摆脱凌乱也很难，尤其是对那些舍不得扔东西的人来说。你是那个爱存东西的人吗？下面这些有多少是符合你现在状态的？

- 我有很多现在穿不了的衣服，但我觉得以后说不定能穿。
- 我有至少一个堆满零部件、小东西的抽屉，我觉得也许哪天我用得上，虽然我都不确定那里面有什么。
- 我攒了至少一年准备要看的杂志。
- 家里的储物间堆满了东西，我也不知道里面有什么。
- 我录了很多看了或听了半截儿的电影、电视节目和音乐，这些录像带都存着呢，但是我相信最终我会看（听）完的。
- 我买了很多书却读不完，但我想有一天我会读的。
- 我有至少五种不同的收藏。
- 我得换一个大一点的房子，因为现在的房子里堆满了东西。

如果你符合一条以上，那你就是爱存东西的人。相比一般人来说，让你扔东西难度更大。如果扔东西比留着让你压力更大，那就留着吧。

你可以爱这些东西，喜欢被它们环绕，如果你知道该怎么整理这些东西，那么你的家也不会给你带来压力。如果家里的东西都很整洁，而且你知道东西都在哪儿（不会在需要的时候着急找不着），那丰富的收藏、喜爱的物品就能让你感到快乐、舒适和平静，这跟整洁空间给其他人带来的效果一样。

E ESSENTIALS

重 点

凌乱确实让一些人感觉更舒服。他们似乎确实需要被额外的东西包围着。如果你爱收藏，喜欢一次买很多，什么都留着的话，你可能就是这样的人。如果你爱这些东西，那就没问题。可能空阔的环境也不会让你放松，但你一定要学会整理你的东西，保持整洁，保证在需要的时候能找得着它。

针对女性的减压方法

压力的形式、大小和作用方式取决于你是什么样的人。因为生理原因以及文化因素,女性往往对压力有独特的症状和反应。由于生理、心理和文化上的原因,年龄增长的过程对于女人来说又是不一样的压力体验。本章会讲到压力会如何影响女性的一生,据此你可以找到一些与你的性别和人生阶段相对应的压力应对策略。

女性世界中的压力

直到近些年，研究组织才开始更多地关注女性的健康问题，但其实女性自己一直都知道，做女人压力很大，无论是生理上还是文化上都是如此。

从生理上讲，我们比祖母或曾祖母那一辈容易一些。对于她们来说，顾家、打扫、做饭、洗衣服等都是非常累人的体力活儿。而现在，我们有机器人能帮我们做很多家务活儿。另外，现代社会还比较认同男性也应该帮助做家务。那我们还有什么压力呢？

虽然现代女性不一定要用手洗衣服，但是省下来的时间还是有很多其他的事情要做。我们有工作，而且往往要求还非常高。我们有经济压力、关系压力，无论年龄多大都要看起来美丽、得体、有气场，这些社会对女人的要求一直都在，而且只多不少。很多女性还需要同时照顾家里，照顾伴侣和孩子。这些"必备"事项哪怕有一样没做好，比如没有结婚，没有孩子，决定不出去工作，就会被各种批评的声音攻击。有时候，这种批评还会来自自己的内心，比如担心、焦虑、惊慌、内疚、恐惧等。哪怕世界并没有期待我们成为全能超人，我们自己也有这样的期待。

除了这些，女性一生还要经历几个激素剧烈变化的阶段，而且每个月都有激素的波动。这些波动会让压力感更严重，而压力反过来又会影响女性的激素水平。那么一个压力大的女人该怎么做呢？让我们先来看看我们正在面对什么问题。

女性压力管理不善综合征

研究发现，女性遇到压力后会比男性更倾向于与人沟通、讨论自己的顾虑。这是一个健康的应对方式，还记得第九章里的朋友疗法吗？这是女性应该值得骄傲的一个特点。但依赖其他人的建议和观点很容易就成了额外的压力。

即便是在 21 世纪，女性仍然比男性更在意其他人对自己的看法（当然也有很多例外情况）。人们还是期待小女孩矜持、懂得如何取悦他人、热心、礼貌，乐于加入团体活动，按照社会要求来规范行为（不一定是家长有这样的期待，也可能是其他人或者电视节目有这样的暗示）。

虽然男孩也是被这样教育的，但社会整体上对男孩不遵守规则、不安分、没礼貌的宽容度更高。"啊，男孩子嘛，管不了！"大家通常一笑置之。外界给男孩传递的信息往往是，独立、有志气、竞争，甚至带点攻击性都是合适的，却鼓励女孩养成温顺性格，按照社会要求板正行为。

提 醒

即使你鼓励自己的女儿要独立，勇敢表达自己的看法，也还是要注意她所处的环境和外界媒体有没有给她传递别的信息。跟孩子保持沟通，让她知道自己可以在任何方面都很出色，培养她的兴趣，无论是不是较为传统的"女孩子的兴趣"。

女性从很小就知道自己的长相、热心与招人喜欢的性格会影响到其他人对自己的评价，所以有时女性会过度在意外貌，过度规范自己的行为来迎合社会，活成外界对女性的刻板印象，同时也成了刻板印象的受害者。而社会还在持续固化这样的偏见。如果我们不好看，有粗鲁的行为，在一直由男性主导的行业工作，没有保持屋子整洁，想要管教不守规矩的孩子，或是一个敢于自我表达、能掌控局面的女性老板、经理或 CEO，甚至在任何方面取得成功（不管你信不信），我们都会承受令人难以置信的高压。人们会怎么想？人们会怎么说？

想要战胜女性压力管理不善综合征，不要动摇自己的好习惯，而是要开始为自己和你在乎的人做一些事情，不必太关注外人的看法和评论。每当其他人的看法（或是你觉得他们会产生的看法）让你感到压力时，问问自己：

- 我真的是被其他人的看法所困扰吗，还是因为我自己其实也同意他们的看法？（如果是这样的话，从自己的角度来重新整理你的担忧。）
- 我是习惯性地担心其他人的看法吗？我真的在乎吗？
- 如果有人不认同我，最糟糕的情况会是怎样的？
- 无论其他人怎么看，我认为当下最重要的是什么？

懂得礼貌和帮助别人当然很好，懂得保持房间整洁，能做丰盛的晚餐也很好。但是，获得事业的成功，独立有志向，知道如何得到生活所需，不依赖其他人也可以照顾好自己，这些同样也是好事。看不到你优秀特质的人不过是井底之蛙。

事 实

FACTS

惊恐障碍在女性中出现的概率是男性的两倍，多发生在年轻人身上。特征是，在没有预期的情况下，反复出现惊恐，伴随生理和情绪上的症状，比如恐惧、胸口痛、心跳过快、呼吸急促、腹部不适。目前尚未找到引发惊恐障碍的确切原因，但这是可以治愈的。

雌激素的影响

女人之所以是女人的其中一个原因是女性的性器官和特定的激素混合

比例，即雌激素很多，而睾丸素较少。雌激素及相关的激素掌管大量的身体机能，从排卵到皮肤的透亮程度。到了更年期，女性体内的雌激素已经减少了80%，引发身体的很多变化，包括潮热多汗、骨质疏松等。

正是因为雌激素，女性患心血管疾病的几率要低于男性，因为雌激素对于心脏有保护作用。绝经后，男女患心脏病的风险是一样的，而女性死于第一次心脏病发的概率甚至比男性大。

出现压力时，雌激素会暂时下降，这是因为肾上腺忙着分泌压力激素，顾不上分泌雌激素。因此雌激素下降会引发类似绝经后的心脏脆弱表现。研究发现，承受压力期间，雌激素水平下降，心脏动脉里马上会有血小板堆积，导致女性罹患心脏病的风险增加。除了血小板堆积，压力本身会对动脉血管壁造成损伤。一点点皮质醇就会加速血小板在动脉血管壁上的沉积。在生育期间，为了保证稳定的雌激素水平，要持续关注压力。

压力和经前综合征哪个先来临

月经是女性将近半辈子里每个月都要经历的一种压力源。月经通常伴有身体不适，如果出现经前综合征，还会引起额外的生理不适和情绪症状，比如易怒、悲伤、抑郁、愤怒，任何情绪都可能被放大。

严重的经前综合征可以采取医疗手段治疗。如果你只是有点情绪化，有点低落，有点疼或是每次月经前或月经期间长几斤肉，那最好的办法就是通过一些自我照料的方式来进行压力管理。你会发现大部分都是基本的减压策略，什么时候都能用。如果忘了，正好来复习一下：

- 确保每天喝八杯水，防止腹胀。

- 保证睡眠充足,每天早睡。
- 避免摄入咖啡因、糖和饱和脂肪酸。
- 吃大量的新鲜水果、蔬菜和全谷物。摄入纤维素会令你感觉更均衡。
- 多喝一些牛奶,多喝酸奶。研究发现补钙对缓解经前综合征症状最有效。
- 放轻松。如果你不想在外面待到很晚,或者强迫自己做不想做的事情,那就不要做。
- 抱个热水袋蜷在床上,喝一杯花茶,看一本好书都能够减轻腹痛。
- 洗个热水澡。
- 布洛芬能帮你缓解腹痛。
- 冥想,注意放松,注意腹部的保暖。
- 做按摩。
- 翻翻女性的历史。这种时候最应该庆祝自己身为女人!
- 每个月的经期过去一周后,做一次乳房检查。如果有可疑的肿块、增生或变化,去看医生。

不要忘记每年去做盆腔腹膜炎检查!保持健康的最好办法是及早发现健康问题,在更容易治疗时下手。

提 醒

如果你不喜欢吃止疼药,而想用更自然的方式治疗经前综合征及月经期不适,可以用月见草油、当归、赐福蓟草、海藻、覆盆子叶茶和西伯利亚人参。(如果你在服用其他药物,向医生咨询一下,以确保这些草药不会引发副作用)。

压力和生育能力

决定怀孕要小孩是一件让人激动的事，但如果尝试几次都没有怀孕就会给你带来困惑。是压力的错吗？

很多研究都致力于发现生育能力和压力的关系，尽管专家不认可，但越来越多的医生都会给存在不孕问题的病人建议压力管理。最近的研究进一步验证了压力和生育能力之间的联系。

一些专家仍然认为不孕会带来压力，但压力不会造成不孕，如今发现两者之间的联系存在可能性当然让人振奋。只是把压力和不孕联系起来可能会有负面影响：人们可能因为责怪自己无法生育，而引起更多的压力，导致问题恶化。当然，人们无法立刻受孕或者永远无法怀孕的原因有很多，已经存在不孕问题的人不该再责怪自己或是责怪自己没法处理生育问题。

压力管理技巧能够帮助努力受孕的人心里好过一些。因为身心之间的紧密联系，管理好压力情绪，尤其是缓解因为没法立刻怀孕而恶化的担忧和焦虑，对促进生育有很大帮助。如果压力影响到雌激素分泌（必然会）和睾酮分泌（必然会），那么深度放松、冥想、自我照顾等对抗压方法当然很有可能帮助你恢复体内平衡，提高生育能力。

如果你发现自己有某种特定的生育障碍，无论能否被治好，都可以练习减压技巧，从而在辅助术后能更快恢复，药效提升（通过视觉想象法，虽然并没有科学研究证明其作用，但没准有帮助呢？）或是辅助自己更好地帮助伴侣进行治疗。

E
ESSENTIALS

重 点

几百年来都有女性用草药疗法增强生育能力。你可以试试下面任意一种或几种组合的茶：苜蓿、荨麻、树莓叶、红三草叶、野玫瑰果。40岁以上的女性可以在饭前加上5～10滴蒲公英根酊，也可以在沙拉里加上些苦菜，比如蒲公英或者芝麻菜，这样能够帮助身体吸收维生素和矿物质。斗篷草可以滋补子宫，圣洁莓、假独角兽根和蔓虎果可以平衡激素。

如果你被告知无法生育，压力管理技巧还可以帮你应对失落感。给自己一些时间、一些关注，允许自己悲伤，照顾好自己，让家人也要照顾好自己。压力管理能够让你轻松一些，然后你也可以寻找其他选项，如领养，这能让你进入新的人生阶段，创造作为一个独立成年人完整且有价值的人生。

怀孕、生产和产后的压力

任何一个怀孕的人都能讲出一长串的压力来源，从早期妊娠时的晨起呕吐，到晚期妊娠的脚踝肿胀。此外，还要面对为家里即将多一个新生儿做准备所带来的情绪压力，以及这个小生命将带给生活、关系和整个家庭的一系列改变。

从很多方面讲，分娩都是有压力的。首先，分娩很疼！身体会经历一系列高度紧张的过程，同时，你的大脑也在适应分娩带来的各种身心变化和挑战。

产后阶段女性要应对环境和激素的变化，而产后抑郁可能让你连日常的简单家务都无法完成。

在这段紧张的过渡阶段，管理压力变得尤为重要，因为怀孕的时候其实妈妈和肚子里的孩子都有压力。这本书中的任何管理技巧都能用在怀孕期间，但是健康和自我照顾非常关键。如果你怀孕了，以下事项至关重要：

- 每天喝八杯水。
- 保持充足的睡眠。
- 吃健康、营养丰富的食物。
- 一周大部分日子里要做一些中等强度的运动（除非你的医生建议你不要做）。
- 冥想或练习其他放松技巧。
- 放弃坏习惯，比如吸烟或喝酒。如果必要的话，去寻求帮助。

怀孕期间获得来自伴侣和家人朋友的支持也非常重要。如果有其他人帮忙，伴随怀孕而来的担心和焦虑就不会那么强烈了。寻求支持，需要什么别害怕开口。毕竟你也是为了孩子。

提 醒

如果你没有得到任何支持，那就找一些，还要快点找。你不是没有选择。大部分社区为单亲妈妈组织了支持小组或是其他形式的社区活动，这样你能交些朋友。有些人怀孕之后为了获得帮助，决定搬到离家人或者朋友更近一些的地方。

无论你是什么情况，都不要试着独自承担。你也许能够做到，但承受如此高压对孩子也不好。哪怕你觉得现在能处理自己的情况，生完宝宝以后也会有不一样的感觉，你会承受剧烈的激素变化。帮你自己，也就是在帮你的孩子。

在分娩之前做好分娩计划能让你的思绪放松。写下你想要的安排，包括是否使用止痛药（以防万一，对此选择需保留余地），希望在分娩的时候做什么（听音乐、洗澡、有朋友或家人在场），是否允许分娩录像，以及其他任何你认为要优先考虑的事。

E
ESSENTIALS

重 点

管理生育压力可以未雨绸缪。现在有很多关于减轻生育压力的课程，包括拉马泽呼吸法和布拉德莱分娩法等。助产士和家属陪护可以在分娩时助产，通过在一旁说一些安心鼓舞的话来帮助产妇缓解压力和恐惧。虽然分娩时伴侣也应该在场提供更多支持，但他们常常自己也感觉压力很大，所以往往也不会提供太多帮助。

伴侣可以采用一些具体的策略来帮助分娩的妈妈减轻压力。让你的另一半看看下面的清单，记下来，做好使用的准备。

10 种缓解产妇压力的方法

1. 听她的。如果她希望你在那里，你就在那里陪着。如果她不希望，你就休息一下，不要违反她的意愿。

2. 主动给她按摩肩膀、脖子、头皮或是双脚。如果她不愿意或者突然想让你停下来，你就停下来。

3. 保持冷静。和她一起练习深呼吸，这对你们两个都有好处。

4. 告诉她，她有多棒。

5. 不要表现得很担忧。

6. 握着她的手，当她非常重地捏你时，不要抱怨。

7. 当宫缩时，转移她的注意力，除非她告诉你不要管。

8. 当她的助理。给她买杂志、放音乐、舀刨冰，及时通知亲戚。

9. 给她撑腰。如果医生护士不讲理，或者做了一些让她心烦的事情，或者违背了她的分娩计划，果断（不要野蛮）地坚持应该遵循妈妈的意愿（除非关乎妈妈或是宝宝的健康，这种情况医生最清楚应该如何做）。

10. 时刻注意留心。你要记住这次经历，因为妈妈很可能无法全都记住，你之后可以告诉她！

产后

产后阶段最明显的就是激素波动，会让你觉得自己好像是个情绪多变的怪物。易怒、难过、强烈的开心或愤怒，或是挫败，你可能会因电视广告这样普通的事情而哭起来，这都是这个阶段常见的情况。

在有些情况下，产妇可能会出现严重的抑郁，甚至是短期精神失常。所以这个阶段应确保你的身边有人照顾你，当你无法应对的时候要有人帮忙；如果你感到严重的抑郁，感到无法照顾新生儿，或者对一些不理性的想法感到困惑，就应该寻求专业的帮助。产后抑郁和相关情况通常很容易治愈。

这个时期的压力管理很重要，尤其是自我照顾和放松技巧。你需要支持，也需要自己照顾自己。产后情绪波动可能会在你最意想不到的情况下发生。

哦，宝贝

你以为怀孕够有压力了？现在多了一个宝宝，你才知道压力是什么！

为人父母会存在特别的压力刺激——你不再只是对自己的人生负责了，你还要对另一个人直接负责将近 18 年，给他提供他所需的呵护、养育、教育和保护。

这是很大的责任，光是想想就够令人气馁的，当然了，还会让你压力很大。孩子刚出生，父母基本得不到充足的睡眠，导致任何事情做起来都变得更加困难。但新手妈妈们可以采用一些必要的减压方法：

- 多喝水，保证水分充足。
- 吃非常健康的、让身心都满足的食物。
- 放轻松，让身体自愈。
- 让其他人帮助你。不必逞强。
- 强迫自己给自己留出一些时间，哪怕每天只有 10 分钟放松深呼吸的时间。
- 宝宝睡觉的时候，你也要睡！
- 让自己享受和宝宝独处的时光。

家长往往不得不做出牺牲，时间也好，金钱或是自由也罢。当然，这是值得的。但要想做好家长，你也需要管理好压力。如果你能够教会孩子如何好好管理压力，你就是送了他一份大礼。随着孩子成长上学，同伴之间的压力、过量的家庭作业、社会一贯的期许……压力会迎面而来。

提醒

大部分青少年体验到的压力比他们给父母造成的压力只多不少。如果你的家庭能够一起学习管理压力，你们的关系会更牢固。告诉家里的青少年如何管理压力，这份礼物他们能受用终生。

压力管理得当的家庭最重要的特质就是一家人的感觉。无论你家的组成是什么样的，不必非得有丈夫、妻子、两三个孩子和一条狗，只要每个人都有归属感，有被爱的感觉，一起共度时光，这就是一家人。创造一家人的感觉可能只需要每周一晚的家庭聚会，一起玩游戏，聊一聊各类见闻，一起看电影，轮流做饭等。无论做什么，只要在一起，就会留下美好的记忆。

低压力的单亲家庭

没有另一半并不意味着你不能做一个好家长，不用在意那些关于单亲家庭的孩子会遇到更多困难或者闯更多祸的说法（哪怕周围总是有人不断提醒你）。单亲家庭就不是家了吗？如果你在单亲家庭有归属感，能和家人一起共享时间，一起玩，能够开放地表达彼此的爱和关心，这就是非常棒的一家子。

> **重 点**
> 如果你的家庭关系岌岌可危，你可能正在体验很多强烈的情绪；让孩子也体验这些情绪的痛苦，会给他们带来更大的压力。坚强、冷静、和孩子开心地相处，对他们很重要，对你也会产生意想不到的效果。表现得冷静开心可以真的让你变得更加冷静和开心。不要把情绪埋藏起来，而要把它们分解开，在孩子不在身边的时候消化掉它们。

对单亲家长来说，生活会很艰难，因为一个人要承担两个人的角色。

一个人又要做家务又要赚钱,还要开心地带孩子,这并不容易!但你可以做到,而且努力不会白费。你还可以努力尝试压力管理,这也会让你的余生更加轻松。

- 保持充足的睡眠!你可能觉得这不现实,但你可以调整时间安排。
- 饮食健康。你的孩子会以你为榜样。
- 在吃饭的时候和孩子坐下来聊天,哪怕你打算之后再吃。关掉电视!
- 不要让你的整个人生都围着孩子转。作为一个成年人,至少每周出去一次。
- 宠一宠自己。你当然配得上!
- 每天冥想。
- 每天提醒自己,尽管你和别的家长一样都会犯这样那样的错,但整体上你已经做得很棒了!
- 享受和孩子在一起的时间,因为时光一去不复返。
- 如果要在打扫房间和陪孩子之间选择,尽量选择陪孩子,或者让孩子一起帮忙打扫,将之变成一个家庭活动。(我的孩子很喜欢擦厨房的地板。)
- 不要怀疑你自己。如果你发现自己正在自我怀疑,就有意识地把怀疑换成自信。
- 教你的孩子运动,一起学习一项运动,或者一起做瑜伽。孩子们一般喜欢做瑜伽,而且对一家人都有益。
- 把相互表达喜欢变成一个家庭习惯。
- 傻一点!
- 做自己最好的朋友。培养内在的自信,即使看起来没有人为你欢呼,你也有底气。

选择不生育

无论出于什么理由,选择不生育的女性或即将超过孕龄还未生育的女性会面临巨大的社会压力。为什么呢?因为社会仍然期待女性生育。

> **重 点**
> ESSENTIALS
>
> 如果你感觉需要建立起自信和勇气,就学习瑜伽里的勇士体式。把双脚开立约1米左右的距离。转动右脚向右,保持左脚向前。伸直双臂,一只手指向右侧,一只手指向左侧,转动你的上身,让自己朝向右臂的方向。你的右臂、右脚和脸都应该朝向右侧。屈右膝,把体重平衡在两脚上。手臂用力伸展,感受勇士的力量。然后在左侧重复同样的动作。

不生小孩的女性一定都是有问题的,不是吗?当然不是了!世上有各种各样的人,我们没有繁殖的义务,但无论有没有结婚,选择不要孩子的女性通常还是会不断收到来自亲戚朋友的"善意"评价。"所以,你打算什么时候定下来生个孩子啊?"这些欠考虑的话不仅会让努力尝试却无法怀孕的人非常痛苦,还会让那些本来就时常为自己不生小孩的决定感到难过的人痛苦。

你要如何处理这些压力?保持冷静,准备好答案。当你对这些讨厌的问题按捺不住想要用同样伤人的回应反击时,你只会增加更多的紧张感,让自己感觉更糟。不如试试下面的回答,来结束这样的对话(如果你想结束的话):

- "怎么这么问?"
- "这是我个人的事。"
- "我现在还没有计划要孩子。"

- "我对当爸妈没兴趣。"
- "我的母性本能还有其他出口。"

或者，你想堵住对方的嘴：

- "哦，天啊！我没意识到现在还有人口短缺的问题呢！"
- "人家不建议秘密特工生孩子。"

好吧，可能这些答案听起来有点莫名其妙，但至少可以让一些人闭嘴！

重点在于：无论你是否选择要孩子，这都是你自己的事。你没有义务去跟任何人解释你选择的合理性（哪怕是你的父母）。不要让因为别人而对自己的决定感到愧疚。深呼吸，忘掉这些闲言碎语。

压力和更年期

压力不会引起更年期，但它能引起衰老，这就是现实。还记得那句格言吗？去改变你能改变的，接纳你无法改变的，拥有区分两者的智慧。更年期就是你无法改变的事情。如果你是个女人，最终都会经历更年期。

压力常常与改变有关，人们也不会无缘无故地称之为"更"年期。更年期会给心灵和身体带来很大的压力。更年期的特征是雌激素水平骤降，导致潮热、抑郁、焦虑，伴随冷淡或是缺失情绪的感觉，时常情绪剧烈波动，阴道干涩，失去性冲动，骨质疏松，患心血管疾病及中风的风险增加，患癌症的风险增加等。

更年期还可能有积极的方面吗？

更年期不仅是激素的调节。幸运的是，与更年期相关的许多变化都只是暂时的。尽管更年期后你罹患某些疾病的风险仍然变高了，但潮热、抑郁、情绪波动，甚至失去性冲动都只是暂时的。

压力管理技巧能帮助你减轻或减少很多更年期暂时的负面影响。冥想和放松技巧加上规律的适度运动，包括力量训练在内，正是缓解那些不适症状的良药。如果你使用激素替代疗法（这个还有争议，咨询一下医生），可能还能减轻更多更年期的短暂症状。这样你才能放过自己，专注在一些好的东西上，那就是新的自己！

经历更年期后，你仍然是你，但是过了生儿育女的阶段，你的下一段人生就会迎来一些自由和解放。哪怕你从来没生过孩子，你也知道自己已经过了人们会问你要不要孩子的年纪了，这也是一种解脱。在这新的人生阶段里，你将再次成为自己人生的主角和中心。这并不是说你会自私，你依然可以花时间陪家人、朋友、子女和孙辈。

然而，对这一阶段的中老年来说，事情也没有那么容易。眼看生活就要重新回到自己手中，却发现自己上有老，下有小——既要照顾年迈的父母，又得承担照顾孙辈的责任，甚至自己长大离家多年的子女又得搬过来和你一起住。天哪！可能你爱帮助家人，这没什么，但毕竟你已经过了养儿育女的阶段，所以花点时间在自己身上，自己的幸福感同样至关重要。这不是自私，如果你更开心、更冷静、更充实，那你对其他人也会更有帮助（而不是相互依赖）。在你爱护和支持家人的同时，要把自己放在最首要的位置上。不要还没有充分享受自己的人生成果，就让人生流逝了，要放眼整个人生。

提　醒

随着变老，你会失去更多所爱的人。失去带来了哀悼，而哀悼又是极大的压力。当你失去所爱的人时，你要对自己的孤独和悲伤感保持关切。如果你的伴侣过世了，那么不要让自己孤立于他人。找人陪伴或者是找到其他人去爱，是你能帮自己做的最重要的事情之一。

压力和老年女性

一旦过了生儿育女的年纪，人生就开始了新篇章。你会觉得更有安全感，更了解自己，时间也更充裕。但这样的黄金时间对女性来说仍然存在压力。疼爱的孩子成家立业搬出去，房子变得空荡荡；身体也越来越差，腿脚不再那么灵活……

如果你工作了大半辈子，现在退休了，那么你可能会发现一想到离开工作，彻底放下担子，自己反而会有压力。工作是自尊和金钱的重要来源。退休之后，经济似乎变得紧张起来，而你和老伴整天一起待在家里的时候，连这个家也变得"拥挤"起来。哪怕你有很多事情要做，你还是会觉得这些事不那么重要，因为没有人付给你工钱，也没有领导给你直接反馈。你不习惯做自己的领导！

如果你离亲人朋友很远，生活也会变得孤单。不仅健康问题让人有压力，抑郁在老年女性中也很常见。一个老年女性要如何抵抗压力的负面作用呢？

- **保持参与**。参加家庭之外的活动——做志愿者，上运动课、艺术课、语言课、烹饪课，参加读书会、教会活动或是社交团体等。对你身边发生的事情保持兴趣会让你的头脑活跃，让你觉得自己仍然年轻。

- **不要和朋友失去联系**。努力和人保持联系。交一群同龄的朋友，还得交一些比你年轻的朋友。
- **考虑养一只宠物**。有证据表明养宠物能减少压力，还能给你提供稳定长久、令人满意的关系。小猫小狗并不难养，而且你对它们的好，它们会十倍地回报你。养鸟也可以，它们也是很好的陪伴，要是鹦鹉的话，你还可以教它们说话呢！
- **保持活跃**。散散步，或者每天做不一样的运动。自己走走，或者和朋友一起散步对身心都有益处。
- **关注世界万象**。和你的朋友或伴侣聊聊世界各地发生的事。让自己保持开放的心态，找到充分理由来支撑自己的观点。
- **试一试瑜伽**。它能够让你的身体更灵活，不再那么容易受伤。
- **吃营养丰富的食物**。你应该摄取大量的钙、蛋白质和纤维素。豆制品对于更年期的影响也有帮助，试试香草或是巧克力味的豆奶。
- **举重**可以帮你保持骨骼强壮，对抗骨质疏松。
- **坚持多喝水**。保持睡眠充足。
- **考虑找一个整体保健医疗师**。他能让你少吃药，帮你调整整个生活方式以改善健康状况。
- **每天冥想**，探索你的内在。完完整整地认识自己！
- **保持头脑活跃**。培养一个新爱好，学一门新语言，读一种不同风格的书，玩填字游戏，和朋友做些智力问答。
- **帮助他人**。服务他人、帮助他人能够让你的自我感觉良好。
- **开始写人生回忆录**。你会享受整理记忆的过程，你的手稿也会成为宝贵的家庭财富。
- **珍惜自己**。

事 实

最近一份广泛流传的研究指出了男性和女性在处理压力方面的不同之处。男性更倾向于以攻击或是避开问题来回应（一种类似"战斗或逃跑"的反应）；女性则更倾向于"温和友善"或是保护她们的后代，向他人寻求帮助。原因可能是雌激素有助于刺激女性表现出母性的一面。

针对男性的减压方法

　　和女性一样,如今的男性也比祖先活得更轻松。机械设备使生活更便捷,计算机让人们养成了久坐的习惯。现在的男性的寿命也比过去更长,但不拿着犁耙在地里耕田不代表没有压力。毫无疑问,你肯定有压力。这个社会对男人的期待也比以往更多,既要赚钱又要养育后代,既要坚强又要体贴,既要独立又要温暖。如果男性不总是自信坚强,不愿意分享自己的情绪,就会感到压力。

男性压力管理不善综合征

研究发现，男性和女性倾向于用不同的方式处理压力。女性喜欢和其他人聊自己遇到的问题；男性则不会，他们会寻找其他人的陪伴，但不谈自己遇到的问题，或者他们会去做体力运动。

两种方式都可以，但男性普遍不愿意表达自己的感受，这会加强压力的负面作用，比如孤立感、抑郁、低自尊和药物滥用。男性自杀的可能性比女性高四倍，男性也比女性更容易滥用毒品和酒精，从而出现暴力行为。

怎么样才能不再把一切事情都藏在心里，帮自己管理压力呢？这里有一些帮助男性管理压力的建议：

- 不想说？那就写下来吧，通过随笔来发泄。哪怕你不想写你自己是什么感受，一旦开始写就会发现这对你非常有治愈作用。
- 运动是释放被压抑的焦虑、愤怒或低落感的一种非常好的方式。
- 多喝点水。这会让一切好起来。
- 减少咖啡因的摄入。咖啡因会让你感觉更焦虑，并且会升高你的血压。
- 尝试冥想或其他放松练习。
- 利用幽默来缓解紧张的氛围。
- 如果你觉得自己的情绪要失控了，就跟咨询师或心理治疗师聊一聊。有时候，跟生活之外的人倾诉会容易一些。

真正的男人也会有压力

男性被教导要独立坚强，处理事情要理智、有逻辑。的确，这些品质能够帮助你有效处理危机、完成事情或是抛开不值得多想的事情。但有时，理智和坚忍无法解决真正的问题，问题也不会自己消失。有些男性会用吸毒、酗酒、赌博或性等成瘾行为去麻木压力过大带来的疼痛、悲伤或焦虑。很多男性会抑郁，但是能够承认或者为抑郁寻求帮助的男性远远少于女性。

有时候，感觉不到压力会让情况更糟，因为压力最终会控制并强迫你去感受到它。最好的控制方法就是在压力来的时候及时处理，发现它才能解决它。

正确认识"男子气概"这个词对你的意义及影响，或许正是它妨碍你管理压力。人生不一定是竞争。金钱和名誉也不是衡量成功的唯一标准。你不必勉强自己每天只睡5个小时或者是勉强自己下班后跟同事一起玩。

你不必否认自己有压力。你不需要告诉每个人，但也无须对自己隐瞒。有很多种办法能让你的生活更轻松一些，有很多自己在家就能做的减压技巧，这才是你该干的正事。

提 醒

男性最有可能在早上犯心脏病。一些专家认为，晨起心脏病多发可能跟早晨血压高相关。跟客户见面、整理账单这类有压力的事情，还是留到下午再做吧。

睾丸素的影响

研究发现，身体和心理的压力都会让体内睾丸素的水平降低，而睾丸素是维持男性特征的激素，比如脸部毛发的生长、肌肉和低沉的声音。睾丸素是一种和行为关系密切的激素：睾丸素水平会影响行为，反之亦然。在古代，被阉割的男性（比如历史上很多国家服侍皇家的太监、意大利那些能唱出美妙高音的阉人歌手）性格更加温顺，性欲减弱，身体中的脂肪也更多。

睾丸素与男性主导性行为有关，还对男性视角及男性普遍理想特质产生一定影响，比如掌控欲、理智和主导欲等。无数研究发现，两性在沟通风格、学习风格甚至对语言的基本理解方面都存在着差异，而背后原因正是睾丸素和雌激素的水平差异。

研究发现，女性更容易被男性的阳刚之气和主导行为所吸引——不是表现出攻击性而是要有主导意识。尽管文化因素会改变生理冲动，而且也有很多例外，但男性特质和主导行为是生殖力的生物信号。

很多国家的文化传统是男性外出赚钱养家，这实现了男性对主导作用的渴望。被雌激素和孕激素驱使的女性则留在家里完成照顾子女和家庭的任务。但今天的生活比过去复杂多了（当然，我们也把过去简单化了）。随着社会需求不断进化，社会成员不愿意再被局限在某一个角色上。很多女性开始在外赚钱养家，并且获得了巨大的满足感，很多男性也开始接受在家带孩子，他们把家里照顾得特别好，并从中得到了强烈的满足感。这些所谓的角色互换其实并不存在颠倒一说，持家、养育子女也能满足男性完成重要事情的需求。

奶爸也可以给孩子树立一个非常积极的主导形象，而持家也可以是一种竞争力和骄傲。

女性也可以通过沟通、共情和关怀在工作世界中脱颖而出。换句话说，男性、女性都可以做任何工作，只是方式有所不同而已。你跟你伴侣持家或者照顾孩子的方式不同，但不代表你的方式就不如对方。

重点是，男性没必要因为自己没做"传统男人"要做的事而感到挫败和压力。实际上，当男性不能做自己的时候才会有压力。喜欢主导会让自己在处于被领导位置时有压力感。如果一个不喜欢服从的男性不得不表现出服从，哪怕是服从一个喜欢控制一切的CEO，也会给他带来很多压力。如果不处理，压力就会变成攻击性或其他形式的反社会行为。如果男性自己掌控形势的需求无法被满足，无法外出竞争，无法按照自己所想做出重要贡献，他们就会觉得挫败，感到壮志未酬。

如果压力抑制了男性的睾丸素水平会怎样？睾丸素降低会导致自信心和掌控感下降，会让本来就紧张的情况更加恶化。这对习惯于掌控形势的男性来说是挫败的，会引发焦虑。想要保持健康和自信，管理压力非常关键。如果能保持睾丸素水平平衡，你就会感觉更好、更自信，对自己的情绪和行为也更有控制感。最好的方法就是关注自己的压力。

提　醒

男性和女性都有雌激素和睾丸素。在男性体内，少量的雌激素对他们的大脑和身体各部分都有好处，但如果男性过胖或是喝太多酒，体内的雌激素含量就会超过健康水平。

压力和生育能力

压力会减少睾丸素的分泌，从而减少精子数量，大大降低男性的生育能力。如果你和你的爱人在备孕，那么压力管理对你们俩来说都很重要。如何才能保证自己的生殖力呢？你的伴侣也一样，你们可以一起做：

- 每天适当运动。
- 吃健康的食物。

- 保持充足的睡眠。
- 喝大量的水。
- 每天冥想或练习放松技巧。
- 练习深呼吸。
- 有意识地保持积极的态度。
- 放下你无法掌控的事情。

愤怒、抑郁和其他难以启齿的事

压力对男性有很多特定的影响，虽然可以处理，但是仍然会让男性觉得失落、挫败和无望。愤怒管理对于男性来说是非常重要的技能。本身较高的睾丸素水平会让男性比女性更容易愤怒和具有攻击性（当然也有例外）。压抑愤怒和不恰当地发泄愤怒一样危险，因为二者都会引起压力激素的激增，对身体有害。

时常发火也可能是抑郁的一种表现。抑郁对很多男性来说都是真实存在的问题，男性不愿意承认自己抑郁，也不愿意去寻求帮助。下面是一些抑郁的表现：

- 感觉失控。
- 过度的易怒或愤怒。
- 对之前感兴趣的东西失去兴趣。
- 胃口突然变化（变大或变小了很多）。
- 睡眠突然变化（失眠或者睡太多）。
- 感觉无望和绝望。
- 感觉陷入某种情境找不到出路。

- 焦虑、惊慌。
- 常常流泪。
- 有自杀的想法。
- 破坏自己的成功（比如辞掉一份好工作，或者结束一段好关系）。
- 药物滥用。
- 成瘾行为增加。
- 性欲降低。

如果出现抑郁症状，请寻求治疗。通过咨询、服药或者两者结合，抑郁很容易治好。一旦你闯过了第一关，你的自我感觉就会好很多，也会更加容易改变生活方式，比如开始每天运动，这会帮你进一步减轻抑郁。

到处都是压力

男性通常觉得寻求帮助是弱者的表现，但对于抑郁来说（很多其他情况也是），寻求帮助是强大的表现。永远没有真正的绝望，寻求帮助吧！

对很多男性来说，另一个顾虑是勃起功能障碍或性无能，哪怕是很小的或是暂时的压力都可能对此造成直接影响。偶尔出现无法勃起完成性行为的情况是正常的，太累了，喝太多酒，整天不顺，或是给自己施加太多压力，都会引发这种情况。但如果一直是这种情况，有一半以上的时间都无法勃起，那你可能患有勃起功能障碍，这可能是由压力引起的。

其他原因

此外还有其他的原因。超过 50 岁的男人，引起勃起障碍最常见的原因是循环系统问题，比如动脉硬化。随着年龄增长，不仅是心脏的动脉会硬化，阴茎的动脉也会堵塞，这可能导致没有足够的血液来勃起。勃起功能障碍也可能是严重疾病的一种症状，比如糖尿病，肾脏或是肝功能问题；还可能是由疾病或者是手术导致的神经损伤引起的，比如脊柱手术、结肠或是前列腺的手术。勃起功能障碍也会由药物的副作用引起，包括抗抑郁药（非常常见）、高血压药或是镇静剂。喝酒或吸烟过量也会有影响。

事 实

你还需要多一条戒烟的理由吗？研究发现，"老烟枪"患勃起功能障碍的概率比不吸烟的人高两倍。吸烟太多会引起体内的血管萎缩，全身的血流减少，包括阴茎在内（在你最需要的时候）！

在很多情况下，勃起功能障碍由心理原因导致，而很多时候都是因为压力。压力和勃起功能障碍会构成恶性循环。你感到有压力，然后一次无法勃起，这会让你压力更大，然后无法勃起发生的概率更高，然后你压力更大了。那怎么打破这个循环呢？

很多患有勃起功能障碍的人在睡着时或早晨仍能勃起。去看看医生，确保没有生理问题。如果确定是由心理因素导致，那就专注于管理压力。

看看能否找出起因。任何压力来源都可能引发勃起功能障碍。整体的生活压力当然可能引发情况出现，其他类型的压力也会，包括：

- 性伴侣之间关系出现紧张。
- 害怕自己表现不好而紧张。
- 害怕亲密或关系性质突然改变（比如订婚）而有压力。
- 害怕疾病。
- 因为一些未解决的性问题而感到压力，比如性取向。
- 抑郁以及随之而来的失去性冲动。

如果你知道或是能猜到自己的压力来自哪里，那么你就可以在这方面开始努力。练习冥想和放松技巧，充分运动。如果担心什么，就找个人讲一讲，或者自己想一想、写一写，抑或寻求帮助来解决它、攻克它。如果你抑郁了，就寻求治疗。如果你和伴侣的关系出现问题，就直面解决。有时候，我们只是需要一些开诚布公的沟通。

或者，勃起障碍只是在提醒你，你没有找到对的人。想想吧。无论是什么原因，大部分由于心理原因造成的性功能障碍都能解决，不会留什么后遗症，所有功能都会恢复。出现障碍时，"别担心，开心点儿"，好像有点说得容易做的难的意味，但不失为一个好建议哦。

提　问

是否应该尝试万艾可（"伟哥"）？虽然据称有人偶尔使用"伟哥"来获得更持久的性生活，但是这种药物对性功能正常的人并不适用。"伟哥"或许能帮助患有勃起功能障碍的男性成功勃起或增加性欲，但是所有药物都有副作用和风险，非必要情况下不该使用"伟哥"。向医生咨询自己是否适用"伟哥"，同时应该完全了解该药物的影响、风险和用法。

中年危机：迷思、现实还是压力的伪装

无论男人还是女人，都会有中年危机，而这个词多数情况下还是用在了男人身上。不论中年危机的背后是否有激素变化的原因，危机本身确实是存在的。在人生的这个阶段，通常是三十几岁到四十五岁，男性开始质疑自己选择的人生方向。他们怀疑自己是不是错过了什么。他们厌倦自己

的工作，感觉关系停滞，害怕对人生失去兴趣。

如何面对中年危机取决于男性本身及危机感强度，你在电视上和电影里可能已经见过很多典型例子了——离婚，找个二十来岁的女朋友，换辆红色的跑车。当然，也不是所有男人都这样反应，还有可能是抑郁、退缩、焦虑或者是对日常生活更加不满。在这个时候，有些男性会转行，追寻自己的梦想。

中年危机和压力有什么关系呢？由于关系中的问题或是对工作的不满无法解决，导致常年遭受压力，最终质变引起崩溃，这就是中年危机。另外，中年危机因为其所带来的种种改变，本身也会带来压力。

> **E**
> **ESSENTIALS**　**重　点**
>
> 谁说你不能改变你的事业？只要不是一时兴起就行。有计划地转行，调研意向领域的市场情况，全力学习，拿到必要的学历或证书，建立一个可行的商业计划，保障必要的资本，然后努力一搏。

你能做什么？首先，在中年危机到来之前，要学会管理压力，这能打破中年危机。毕竟，如果能够按照你想要的方式生活，危机也就不会出现了。如果你很清楚中年危机已无法避免，你也可以提前做准备来弱化危机的冲击力。

- 列出所有没有实现的梦想。看一看，想一想，哪些梦想是不现实的，那些你永远不会付诸行动但是又总是在憧憬的梦。你现在就可以把它们从清单上划去（或者放在另一个清单里）。
- 看看还剩下什么。你真正想要做的是什么，有什么是一直打算做但还没有做的？认真想一想这些梦想。这些是你真正想要的还是你以为自己想要的？放松，闭上眼睛，想象自己拥有这些。有时候我们喜欢幻想得到某些东西的感觉，比如博士学位、倾国倾城的伴侣、极其富有等，但是考虑了代价以后，就会发现这并不值得。你觉得哪些并不值得努力一把？把它们划掉（或是放在另一个清单里）。

- 看看剩下什么。为什么还没有实现这些梦想？你需要什么才能实现它们？开始想想你能做什么才能真的实现它们，列个步骤清单。如果你有另一半，鼓励她也做这样一个清单，然后探讨一下两个人如何一起实现梦想，趁着还"年轻"（"年轻"本来就是相对的）。

- 如果你的不满是因为你和伴侣的关系出现问题，那正好是时候做点改变了，但并不是说要结束这段关系，而是采取一些措施让关系重新焕发活力。打破以往的规律，一起去旅游，改变一下房间的布置，浪漫一点，认真地关注一下你们的性生活。如果你们两个没有做好改变的准备，那就讨论一下为什么。如果过去有问题没有解决，那就去解决，一名专业咨询师可能会非常有帮助。

- 别再做那些你不喜欢也没必要做的事情。如果你真的无法忍受自己的工作，那就再找一个新的或者自己创业。现在创业的机会越来越多，也有越来越多的人倾向于和家人保持亲密关系，把精力放在家庭上，按照自己的愿望和梦想去生活。钱少一点你能生活吗？如果可以，那就去做吧。如果你一点也不喜欢自己所在的团体、俱乐部，那就退出吧，不要把自己的生命浪费在你不喜欢也没必要的事情上。

- 给予他人。所有这些自我审视可能会让你觉得自己很自私，而有意识地把自己的时间、精力或钱给那些真正需要的人，能够帮你实现心理平衡。你可以把时间用在某个对你有意义的慈善机构或者你信任的事业上，或者花更多时间和你的伴侣共处，跟孩子聊聊天，或是陪孙辈一起玩。

压力和老年男性

当身体开始背叛你的时候,日子并不好过,你一时很难承认,有些事情年轻的时候做得了,但现在的自己已经有心无力了。对男人来说,衰老是会带来压力的,而且有时似乎充满了失落感——失去肌肉、精力、性欲,甚至是头发。女性可能会说男人越老越有魅力,但是男性通常并不觉得,因为老了就会发福,精力也没有以前充沛了。

退休好比雪上加霜,给原本就糟糕的生活又增添了一堆压力。失去了这些年来让你获得身份认同、自我价值的工作对男性来说是具有毁灭性的,他们突然不知道自己是谁,也不知道自己要做什么了。当然,你并不只有工作,你自己可能也知道,但是毕竟工作了几十年,退休可能会让你觉得自己失去了很大一部分(生活目标)。

提 醒

尽管女性通常比男性活得更久,但男性也会经常因丧偶而独居。对很多男性来说,再想找到老伴很困难。对于丧偶的男性来说,尤其是和近亲住得很远的男性,抑郁、孤独和与人隔绝是最常见的问题。努力维持社交极为重要。

一个老年男性能做些什么让自己觉得强壮、自信、没有压力呢?当然是管理压力!试一试下面这些建议(它们和前文中给老年女性的建议相似,我们都是人嘛)。

- **保持参与**。参与一下家庭以外的活动——做志愿者,在球队里打球,上美术课、写作课,参加兴趣小组或教会活动,把木工活和烹饪手艺捡起来，或者飞蝇钓、交际舞，你觉得什么有趣就做什么。终于有时间了，不要浪费！可能你一直想要学法律，或者意大利语，抑或成为鸟类观察家。保持活跃能让你对身边发生的事情保持兴趣，也会让你的头脑活跃，让你觉得自己仍然年轻。

- **不要和朋友失去联系**。交一群同龄的朋友和比你年轻的朋友。跟朋友一起计划一些户外活动。你可能帮到一些真正需要走出家门的人！
- **考虑养一只宠物**。有证据表明，养宠物能减少压力，还能给你提供一个稳定长久、令人满意的关系。你对狗和猫的好，它们会十倍地回报你。养鸟也可以，它们也是很好的陪伴。
- **保持活跃**。散散步，或者每天做不一样的运动。和朋友一起散散步对身心都有益处。
- **关注世界万象**。和你的朋友或伴侣聊聊最近的新闻大事件。让自己保持开放的心态，找到充分的理由来支撑自己的观点。
- **试一试瑜伽**。它能够让你的身体更灵活，让你不再那么容易受伤。越来越多的老年男性尝试做瑜伽，然后收获良多。
- **吃营养丰富的食物**。摄取大量的钙、蛋白和纤维素。
- **考虑每天补锌**，保持前列腺健康。南瓜子富含锌，前列通（一种草药）也对前列腺健康有好处。
- **举重**可以帮你保持肌肉和骨骼强壮。
- **坚持多喝水**，保持充足的睡眠。

事 实

85岁以上的白人男性自杀率高出其他所有群体。尽管有自杀企图的女性数量是男性的两倍，但是男性的实际自杀率却是女性的四倍多。

- **考虑找一个整体保健医疗师**，他能够让你少吃药，帮你调整整个生活方式，以改善健康状况。
- **每天冥想**，探索内在世界。重新完整地认识自己！
- **让思维保持忙碌**。培养一个新爱好，学一门新语言。读一种不同风格的书。玩字谜游戏，和朋友做智力讨论，做手工。
- **帮助他人**。服务和帮助他人能够让你对自己的感觉更加良好。
- **开始写人生回忆录**。你会享受整理回忆的过程，你的手稿会是宝贵的家庭财富。
- **珍惜自己**。

不管你是男性还是女性，20 岁还是 90 岁，压力都会扰乱你的健康和身体机能。同样，不管你性别、年龄如何，你都可以通过一些改变来减轻压力的影响。不要因为你的性别或年龄而认输，这是你的身体，你的头脑，你的人生！

第十三章

从孩提到老者的压力管理

从出生到衰老,面对压力、处理压力是我们一生的议题。可能作为成年人的你了解压力管理是什么,但孩子其实和家长一样需要管理压力。在孩提时代教会他们管理压力能让他们受益终生。学习怎样将压力管理融入生活方式中,同样也能让你自己受益终生。

青少年的压力

成年人有时对童年有误解（至少对自己的童年没有那么准确的记忆），总觉得那时充斥着棉花糖或是旋转木马。也许和成年生活相比，童年好像无忧无虑。然而和过去相比，现在有许许多多的孩子成了压力负面作用的受害者。引发孩子产生压力的主要问题是环境（家庭、朋友、学校），直到青春期开始，又增加了一些激素的困扰。

儿童压力直到最近才被人所了解和诊断。很多孩子都得面对和处理暴力、同辈压力、未满年龄饮酒、吸毒和胁迫发生性关系等事件，更不要说取得好成绩、参加课外活动、发展社交能力、让家里所有大人满意等一系列事情了。

提 醒

对有学习障碍（比如阅读障碍）或在传统学习环境中难以取得成就（比如患有注意力缺陷多动症）的孩子来说，学校是带来无尽受挫感和失败感的地方。如果你的孩子在学校似乎很难取得成功，可以带他去测测有没有学习或行为问题。

即使是很小的孩子也会感受到压力，他们也会面临难办的家庭问题或朋友间的互动难题，有些在成年人看起来不是什么难事的问题，可能会给孩子造成非常大的影响。

童年经历甚至能影响人的一生。一项研究发现，跟营养条件好的孩子相比，营养不良的孩子处理压力状况的能力更差，更可能做出极端的反应，即使压力已经退去，高水平的压力激素仍然会在其体内维持很长一段时间。锻炼孩子处理压力能力的关键是提供一个支持性的、有爱的、滋养的环境。这样做能帮助孩子搭建起健康压力管理所必需的神经通路。

在高压下，比如在被极度忽视的情况下，孩子可能会毁掉已经建立好的神经通路。这也能解释在经历过极端高压的幼童群体中，为什么患有学习障碍的概率更高。

不过，你的孩子可能并没有经历过极度忽视这种极端压力，伴随童年更多的可能是一般压力。和成年人一样，适量压力对儿童有益。必要时压力能够增强表现力（无论是快速摆脱危险的情境还是在跳舞演出中表现好）。这也是教孩子怎样处理压力的好时机，因为压力是生活不可避免的一部分。

事 实

自杀在 15～24 岁人群中是第三大致死类型，在 10～14 岁人群中是第四大类型。

如何教孩子管理压力

如果成年人不必向压力认输，孩子为什么要低头呢？如果孩子了解压力是生活中自然的一部分，并且能够积极应对，那他们就不必等到成年之后压力副作用已经聚集时再做出改变。理解压力管理的孩子在往后的一生里都能积极面对并有效管理压力。

教孩子管理压力的第一步就是要切身感受孩子所能感受的压力。你不一定完全了解引起孩子压力的具体原因，但你和孩子一起生活，只要注意观察，你就能够分辨出孩子的平稳状态什么时候被打破了。

儿童的压力信号和成年人相近。你如果注意到下面这些表现，那说明你的孩子可能在承受压力。

- 胃口突然变化，而这和成长发育似乎无关。

- 体重突然降低或升高。
- 有进食障碍的趋势。
- 睡眠习惯突然改变。
- 长期疲倦。
- 失眠。
- 成绩突然下降。
- 运动习惯突然改变（突然做很多运动或完全不运动了）。
- 退缩，突然拒绝沟通。
- 出现焦虑、惊恐的征兆。
- 常常头疼或者胃疼。
- 常常沮丧。
- 低落。
- 对活动失去兴趣。
- 强迫性地给自己安排过多事情。
- 突然放弃很多活动。

任何一个年龄段的孩子都能学习压力管理技巧。青少年可能愿意读这本书，这本书的任何技巧都对他们适用。对更小的孩子，某些压力管理技巧会更有效，因为孩子喜欢并且有兴趣尝试。

> **E ESSENTIALS 重点**
> 低龄儿童压力的表现包括更爱哼唧、粘人、爱哭；在与父母或者抚养人分开的时候表现出强烈的分离焦虑；有攻击行为，比如大喊大叫、咬、踢和打；出疹子或者有过敏症状；无法集中注意力，记不住事，无法专注；常常忘事或者做事没有条理；冲动或者多动；处于游离状态中；突然没了创造力。

可以试试下面这些策略来帮助孩子建立起压力管理的强大基础，教他们健康地调节压力。

安抚婴儿的压力

每天给婴儿按摩。轻柔地按摩婴儿的身体能够改善他们的血液循环，帮助他们放松肌肉。一边按摩，一边轻柔地和婴儿说话，给他唱歌，进行眼神交流。

新手父母常常感到崩溃，感觉精力完全被分散了。即使如此，每天也要留出 15 分钟的时间完全将自己的全部注意力放在婴儿的身上：进行眼神的接触，跟他讲话，和他玩耍，其他什么也不做。关掉电视、收音机，把报纸收起来，也别再打扫，完全围着孩子来。他很快就会感觉到自己是重要的，是被你关注的。他会了解自己是被爱的，是被优先对待的。最终，他会学会照顾自己，一如你照顾他一般。

> **E**
> **ESSENTIALS**
>
> **重 点**
>
> 如果你的孩子压力承受力较低，那就把生活节奏放慢一点，在家多待一待，不要强迫你的孩子参加太多活动。研究发现，如果把压力承受力低的孩子放在低压环境中，他们生病和出现行为问题的概率就比同样处于此环境中的高压力承受水平的人要低。跟成年人一样，低压力承受力的孩子在低压的环境中会成长得更好，而家长的责任就是保持生活的闲适和低压力。

学步阶段

对学步阶段的孩子来说，生活是一场激动人心的探险。对充满好奇心和热情的孩子来说，成年人的行为特别神秘甚至难以理解，比如自己只是最简单地玩一下，也可能让成年人大喊大叫，把东西抢走，或者做其他一些奇怪吓人的事情。哪怕孩子不是特别能理解你在说什么，你还是应该跟他们讲可以做什么、不可以做什么，这远比大喊大叫有用。坚定、冷静并且言行一致非常重要，这样才能养育出对自己有信心，不畏惧并且敢于信任成年人的孩子。

关注你的孩子对世界有什么样的反应，不要强迫他去做让他紧张的事情，注意到孩子紧张后要慢慢来，或者把让他紧张的活动暂时延后。有些学步阶段的儿童很容易就能切换到新活动上，还有一些孩子需要更多的时间考虑，然后才去尝试新活动。尊重孩子自己的行为风格，他会了解到自己可以做自己。这样一来，他在之后的生活中就不会那么容易因为压力而责怪自己，也会更能明白如何适应新变化。

学龄前和幼儿园阶段

学龄前和上幼儿园的孩子喜欢学习，但是孩子们学习的方式各有不同。有些家长给孩子的指示太多，要试着退一步，让孩子自己去探索、学习、提问和发现。不要一直说"你看到这个没？你想想看？这是怎么回事？你能用它来做什么呀？"要让孩子来引导对话，他反而可能会教你一些东西，这会帮他形成自己的学习方式，加强自信。

学龄阶段

孩子一旦开始上学，尤其是那些有很多兴趣的孩子，家长就很容易把他们的时间排得满满的。音乐课、游泳课、足球训练、棒球课、家庭作业、艺术课、体操课和朋友玩耍、家族时间、舞蹈课、家务活……孩子什么时候有机会放松下来，什么也不做呢？自由时间其实是在给孩子们力量（不包括看电视的时间）。在自由时间里，孩子有机会做自己想要做的事情。日程太满的孩子不懂得怎样为自己安排，他们多年以来一直都在等着别人告诉他们要做些什么，如果突然让他们自己独立安排，他们会很茫然，也会承受很大的压力。再加上要做的事情太多，孩子的身体和大脑必然会超负荷运转。在孩提时代学习怎么放松，会让成年时期的放松容易得多。

孩子们真的非常喜欢瑜伽。针对孩子开设的瑜伽课也越来越多，你也可以找一些针对儿童的瑜伽书籍。对孩子来说，学习瑜伽是一种非常好的能够伴随终生的习惯，既可以保持健康、锻炼力量和柔韧性，又能培养身心整合。

提 醒

鼓励孩子在开始紧张焦虑或害怕时做腹式深呼吸。深呼吸同样能够直接帮助孩子应对压力，它给身体发出的信号是：一切都好，然后心率、肌肉紧张和血流量都会回到正常水平。

问题重重的青少年阶段

由于青春期出现剧烈的激素变化，因此青少年阶段从来都伴随着各种不易。但有些青少年似乎能比其他同龄人更好地处理这些强烈的感受。为什么呢？有些理论称其中有基因的作用，但绝大部分情况下都是因为外部环境因素的影响。

很多青少年有抑郁倾向，体验过自我怀疑、愤怒、无望或其他强烈的情绪，哪怕他们的情况在成年人看起来并没有什么压力。现在，很多青少年不得不处理一些极端情况，比如家里父母糟心的离婚，学校里或放学后受到暴力威胁或欺凌。

如果家长不想看到自己的孩子遭受困扰，就应该拉开青少年和成年人之间的距离。太强硬地介入孩子的生活，其实会把孩子推得更远。养育青少年实在是微妙又复杂，很多家长都只能祈祷顺利度过这一阶段。

如果你觉得自己家的孩子完全没问题，也许你是对的，但即使是情绪调节得最好的青少年偶尔也会有难以承受的情绪体验。哪怕你的孩子抵触和你分享自己强烈的情绪，你也要确保他知道他是可以和你分享的。要保持沟通的大门时刻敞开，要给孩子一些关注，这样当他们压力上升的时候，你才能注意到。这样你才能有所准备，无论是一起去做咨询、看医生，还是坐下来谈谈心。

你可以为家里正在遭受压力的青春期孩子做以下这些重要的事情：

- 自己的言行保持一致。
- 不要发火。
- 让孩子知道你会永远做他坚实的后盾。
- 让孩子知道无论怎样，你都是爱他的。
- 让孩子知道当他遇到麻烦时，他永远都可以依靠你。
- 说清楚哪些行为你认为是错的，以及理由。
- 自己给孩子树立一个练习减压的好榜样。
- 创造孩子和你一起练习压力管理技巧的机会。
- 保持沟通。
- 不要放弃。

事 实

关于现在的孩子为什么比以前压力更大,有一个理论认为,是因为他们过度接触刺激。在现在这样媒体密集的环境里,孩子每天有很多时间看电视、玩游戏、上网或听音乐。你可以鼓励孩子每天花点时间做一些放松的事情,无论是写日记还是出去骑车都可以。

给全年龄段孩子的减压建议

健康的孩子应对一般的生活压力会更加游刃有余。教孩子照顾自己,帮他们打下养成健康习惯的基础。从自己做起,养成健康的好习惯,给孩子树立一个好的榜样。你可以试试下面这些小技巧:

- 喝水,不要喝含糖的饮料。冰箱里存一罐高质量的饮用水,或者买一些像苏打水那样喝起来方便的瓶装水。
- 家里存放一些健康的零食,不要买垃圾食品。准备一些芝士块、胡萝卜条、花生酱、全麦面包、切好的水果,还有全谷物制成的膨化食品、鹰嘴豆泥、干果、全谷物配牛奶等,这些都是健康又富含营养的零食选择。
- 鼓励孩子每天运动。如果孩子在学校没有参加运动项目,就要帮他在生活中找一些健身的机会,比如体操、舞蹈课、运动训练营,或者去健身房等。
- 把运动变成家庭活动。一起散步、骑车、慢跑,或一起去操场跑步。
- 鼓励自我表达。很多孩子喜欢画画、用黏土做东西、做模型或是写东西。这种有创意的排解方式非常棒,因为能够帮助孩子建立自尊心，并且挖掘他们的艺术天分。

> **E ESSENTIALS**
>
> **重 点**
> 如果你的孩子对即将到来的考试感到非常有压力，提醒他练习深呼吸，这能将氧气输送到大脑，让大脑更好地运转。每学一段时间就得休息一下，比如打个20分钟的盹儿，这样能帮孩子重新恢复精力，以更好的精神状态重新投入学习。有效的小憩应该保持在20～30分钟以内，太短或太长都不好。

给家人相处留出时间，或者留出时间什么也不做，这很重要，因为可以让孩子懂得过分争强并不能解决所有问题。每周至少预留出一个晚上的时间作为家庭时间。营造一个放松的、休闲的、没有预定活动的夜晚，一起玩游戏、做饭、聊天、大笑、散步或者骑车，你的孩子会永远记得一家人在一起的时光，这对忙碌的生活来讲是非常好的休息。

最重要的或许就是保持开放的沟通。这听起来很平常，但要记得提醒孩子他们随时可以跟你谈心，同时坚持主动跟孩子聊天。让他们知道你随时等候倾听，告诉他们对你来讲哪些事情是重要的。有些商业广告会提醒你给孩子讲一讲抽烟、喝酒还有毒品的相关信息，这些都是很重要的话题，你也可以跟孩子聊一聊其他可能成为压力源的因素，比如同龄人压力，为什么喜欢或讨厌学校里的某些课程，他们对参与的各种活动有什么样的感受，他们的朋友都是谁，他们的自我感觉如何等。

最后，不要让孩子替你承受压力。让孩子清楚，你是成年人，不需要他来照顾你，照顾自己是你的责任。如果你面临着很严重的压力，比如离婚或抑郁，你应该寻求外界的帮助，而不是向你的孩子寻求帮助。这种压力对孩子来说太沉重了。尽可能把自己的脆弱时刻隐藏起来，不要让孩子看到。给孩子树立一个榜样，让他知道你懂得怎样自我调节，比如从其他成年人那里寻求帮助。

如果你的孩子确实存在问题，那就该采取措施。带他去见咨询师，保持沟通，主动提起一些孩子可能不敢或难以启齿的话题，比如抑郁。你要成为孩子的支持者和后盾。如果他知道你站在他那边，他就不会感到独自承受了这些压力。这对压力大的孩子来说是很大的缓解和释放。

提　醒

很多未到法定年龄的孩子都会喝酒，这造成的伤害非常大。未成年人饮酒会增加他们发生意外的概率，让他们更容易受到危险情况的伤害，给身体造成压力，尤其是过量饮酒。很多青少年都在"找乐子"的时候因酒精中毒而死。要让你的孩子清楚地了解酒精的危险性。

给孩子的压力管理七步骤

孩子也会按照自己的主见和方式处理压力。可以让孩子记住几个压力管理的办法以备不时之需，比如考试、约会、重要表演等。给孩子看看下述清单，把它贴在冰箱上，或者发邮件给他们。他们可能只是看看，也可能真的会用（不管他们会不会告诉你）。

1. **聊一聊**。感觉有压力吗？跟朋友讲一讲。发泄、大声喊都可以，就这样做！把日常的压力分享出来，你会如释重负。你也可以倾听朋友宣泄压力，帮助他们缓解负担。

2. **顺其自然**。事情与你预想的不一样？朋友跟你想的不一样？这门课远比你想象的难？顺其自然吧。顺应生活中的变化，不去抵抗。就像河流一样，自然地绕过障碍，继续奔流。

3. **找一位导师**。家长也是很好的选择，但有时你可能更想向父母以外的成年人寻求建议。老师、咨询师、教练、老板、叔叔阿姨、牧师等，和你有过相同经历的人都会是非常好的导师。找一个你可以倾诉的人，在你需要一些建议或者榜样的时候让他帮助你。

4. **有条理**。如果你没有弄丢所有笔记，考试就不会那么有压力。如果从门口走到床边不会经过成堆的垃圾，你或许就能好好地在房间里休息了。建立一个适合自己的体系，然后保持条理。这是一个很好的计划，也是一个很棒的爱好，还是一项能让你受益终身的技能。

5. **现在就养成好习惯**。可能你已经见过了一些因为生活方式不健康而付出代价的大人。你不一定会变成这样。如果你从小就养成良好的健康习惯，那么未来的生活就会更健康。每天尽量运动半小时，多吃新鲜健康的食物，比如蔬菜、水果、全谷物，还有含低脂蛋白的瘦肉、鱼肉、豆类、豆腐、酸奶和牛奶。多喝水，睡足觉，这样白天就不会感到累。

6. **调整你的心态**。有时候，愤世嫉俗或是悲观是最容易产生的心态，但研究发现，持有积极心态的人更少生病，康复的速度也更快，甚至活得更久。如果你积极地看待生活，就会发现生活的很多乐趣。这是一种可以习得的习惯。

7. **看得远一点**。生活似乎有时候总在原地打转，比如你上周在全班面前说过的丢脸的话，或是某次不及格的成绩，或者没有被选入运动队。无论发生什么可怕或者绝望的事，都要提醒自己：退一步，往长远看。一年以后你会做何感受，五年以后呢？等到你成年以后，工作顺利、人生充实的时候呢？如果你试着以"好吧，继续向前"的态度来对待暂时的挫折，生活会变得轻松很多。

永远的压力管理

你已经有了很多工具和知识。然而日复一日，好像总也没有时间去实践。不能在明天或者再晚点，或者等你有时间的时候再开始压力管理吗？

不能，因为你永远都不会有时间。明日复明日，你永远都会跟今天一样忙。如果你现在不开始减压，就永远都开始不了。

可能今天你没法去健身，但你能散步吧？也许你今天不能戒掉所有的垃圾食品，但你可以将双层熏肉三明治换成鸡肉凯撒沙拉吧？也许你今晚不打算做冥想，但你能早一点上床休息吧？

任何大的生活变化都是从小的步骤开始的。你可以慢慢将压力管理融入生活中。幸运的是，只要每天付出一点对于压力管理的努力，就能收获很大的回报。任何帮你放松和冷静的事情都是好的开始。从今天开始养成新习惯，每天做四件小事。只要四件事，不用太长的时间，想办法将它们安排到日程中去。你可能已经做了一部分，甚至都做到了。

1. 做有益于身体的事。
2. 做让你心静的事。
3. 做让你精神丰富的事。
4. 做简化周围环境的事。

这四种类型，每天选做一种，保持幸福的感觉，开启持续终生的压力管理就是这么简单。你想做点什么呢？书里列出的任何技巧都可以归入这四类当中。你甚至可以通过做一件事完成两类：通过冥想实现心灵和精神维护，然后再轻快地散个步以维持身体健康，最后再舍弃一堆你不需要的杂物。

你也可以选择每天早上做一次身体扫描，下午做瑜伽，晚上空出20分钟不受打扰的时间听音乐，放弃不再喜欢的活动。

仍然觉得太复杂？吃份沙拉（身体），关掉电视（思想），告诉朋友你有多么欣赏她（精神），然后扔掉一件毫无收藏意义的东西（简化）。

E ESSENTIALS 重 点

减压的最好办法之一，就是帮其他人减压。帮助他人能提升你的自我感觉，还会帮你获得一种目标感和方向感，这对退休的人来说是绝好的事，因为脱离了工作，他们就失去了原来的目标和方向。绝大部分社区都有很多不同领域的志愿者活动。找一个你感兴趣的事情，开始通过帮助他人来帮助自己。

也许你已经知道该如何实践上面那四个步骤了。不必每天重复同样的事情。如果你喜欢变化，那就时不时地变一变，这也是减压的乐趣之一。如果你喜欢固定模式，每天做一样的事也可以。

还有一些保持身心灵健康的方式非常便捷，只要花上几分钟，你可以利用锻炼的时间、冥想的时间，或者在做其他书里讲过的技巧的时候尝试。此外，还有一些快速便捷又简单的方式可以提高日常减压方式的效率，你会发现这些微小变化给你带来不一般的感觉！

对变化保持开放的心态

如果你是个抵触变化的人，那这一条很适合你。对有些人来说，没有变化就是好的变化，但生活中的变化是难免的，而且都会带来压力，即便是积极的压力。对变化保持开放心态其实是态度上的转变。开始观察周围的变化，然后找出每个变化的一个好处。有人把车停在你的车位上了？那你正好可以借此机会多走几步路，有益身体健康啊！你最喜欢的餐馆已经卖完了你最爱吃的食物？这是一个尝试其他食物的好机会啊！你最喜欢的电视节目被取消了？又是一个机会！晚上可以读本好书，出去散步，或者练习新的压力管理技巧。

事　实

最近一项研究显示，压力管理可以降低心脏疾病的发病率，使心脏病患者突然发作的概率降低 75%。另一项研究发现，在降低心脏猝死风险上，压力管理甚至比运动更有效。

有时候，大的变化反而容易接受。其实任何变化，无论多么让你困扰，都有积极的一面，即使你一时发现不了。找出积极面不是最重要的事，最重要的是愿意去接纳事情的变化，还要能够顺应变化。

消极？激进？表面消极实则激进？

有些人消极地处理压力，任由其发展，不做任何控制。有些人很激进，强势地掌控压力情况。还有一些表面消极实则激进的人，用一种看似被动的方式强势地控制压力，比如通过引发他人的内疚感，或暗示别人自己想要什么来实现自己的目的，同时又表现出满不在乎的样子。

每一种方法都有不好的影响。对消极的人来说，压力好似无法控制一般。前面说过，有时候采用淡然的态度是一种好方法，能够有效地管理生活中的压力，但太过淡然就成了消极，会造成无望感。如果你放弃，完全不控制，那过自己想要的生活又有什么意义呢？如果你像片叶子随风飘摇，人生还有什么意义可言？天生消极的人要进行自信训练。七轮冥想（参见第八章）能够帮你重获对事物的控制感。冥想能够让你看清生活中真正由你掌控的方面。

对于激进的人来说，压力好似强大的敌人亟待打败，虽然有些时候使猛劲确实有用，但会大大消耗体力和精力，还会让你产生防御心理。你会觉得命运好像一直在折磨自己，让你面对一个接一个的挑战，如果不打一场大胜仗，就会是个失败者。对于天生激进的人来说，冥想既可以疗愈也可以提升觉悟，让你厘清事实。禅修的效果也很好。如果事情就是这么简单，就是此刻的现状，没有什么需要改进的，又有什么好激进的呢？学会接纳而不是攻击，这对激进的人来说就是有效的压力管理办法。

对于那些表面消极实则激进的人来说，压力需要用诡计来攻破。你甚至可能没有意识到，你并没有直接处理压力。你不动声色地操控着整个情况，以满足自己的需求，哪怕行为有所不妥也没有感觉。这对某些压力也是有效的处理方式。有时候，用糖衣炮弹处理压力就是最好的方式，但有些时候因为不够直接，所以完全没有效果。比如，抱着一堆东西的妈妈挣扎着推门进来，嘴里喊着"天呐，这堆东西真沉，有人帮帮我就好了……"你并没有直接请人来帮忙，只是说出了你的抱怨，希望有人出面主动帮你分担。这要是你家孩子直接无视你的话，依然悠闲地躺在沙发上做自己的事情，那你也只能继续受着大包东西给你带来的压力。其实，正视压力，直接把它处理掉，不是更简单吗？

只有你了解自己属于哪种类型，也只有你自己了解怎么做才能调整出适合自己的办法。但如果你还是保持消极的、激进的或者表面消极实则激进的态度，那你处理压力的能力就会受到影响。

提 问

你的压力感有循环周期吗？

有些人在某些特定的时候会更容易感受到压力，跟周围发生什么没有关系。在你的日历上标记每天的压力感，可以用高、中等偏高、中等、中等偏低、低来标记。三个月之后看看有没有什么规律。如果你知道自己什么时候更容易有压力，那你可以提前准备，减少计划中的待办事项，增加放松的时间。

保持激情

生活中出现压力的时候，如果存在一些让你保持积极心态的因素，那么应对压力就会显得容易很多。保持激情是维持必要的精力、热情和动力的关键，这样才能把握生活的走向，让压力停留在可控范围内，然后一直朝着清晰的目标前进。

对你而言，保持激情可能意味着坚持一个爱好，开始你自己的事业，学习新东西，培养某种艺术爱好，写小说，当志愿者，或者和能激励你的朋友保持联系。只要让你保持积极的心态，让你对生活充满期待，让你开心每一天，无论什么都可以。给自己时间吸收更多激情，你会活得更加开心，处理路上的坎坷时也会更顺利。

日常清理

杂乱会给人带来压力，不管你的家里堆满了杂物还是看不到的储物间里乱七八糟，看到这些东西就会让你崩溃。清理车库、地下室和卧室衣橱可能不是一次就能完成的大工程，但都可以一步步来。每天花 5～10 分钟，不要太久，除非你提前就预留好一段时间，专门用于清理某些东西。可能是门前的破桌子、烘干机上一堆没有收拾的衣物，或是桌子上的一角，不管是什么，每天清理一次能让你的心灵感到一丝轻松。

每周一次 Spa

谁说非得去会所做昂贵的 Spa 才行？如果你负担得起，这样的方式当然很好。其实，你每天在自家的浴室里也可以做个小 Spa：给自己修修指甲，护肤护发，泡一个薰衣草浴，从头到脚地滋润一番。享受 Spa 的时候，放上轻缓的音乐，点上蜡烛或是你喜欢的香薰，想一想你喜欢的事物、美丽的风景或是平静的意象。你会感觉到满足、放松、充满精力，连皮肤都会看起来红润有光泽。

家庭时间

没什么比和自己所爱的人在一起更能让自己重获新生了，哪怕有时候也伴随着压力。家庭联系紧密的人，在遇到压力时会有更加强大的港湾可以停靠。现在开始留出固定的家庭时间，慢慢建立起这样的港湾。聚在一起的家人会一起变得越来越强大。把家庭时间列为压力管理计划中重要的一项。

安静时间

家庭固然重要，但对身心灵的保养来说，独处同样重要。自己反思一下，你是谁，你想要什么，你要朝哪里去。每天至少花 10 分钟的时间安静地反思，周围不要有人干扰。这个习惯也是特别强大的压力管理技巧。

提　醒

孤独对健康有害！孤独和缺乏社会支持会刺激压力激素的释放，抑制免疫系统的运作。有些专家称，缺乏支持系统和吸烟、肥胖或缺乏运动一样有害。孤独的人对抗感染的能力更弱，而且更容易罹患癌症这类严重的疾病。

成为自己最好的朋友

只有你最了解自己需要什么，只有你能实现这些需求，也只有你能决定什么对你有益，什么对你有害，什么能让你的生活变好，什么能让你的生活更糟。因此要成为自己的支持者，为自己争取，满足自己的需求。如果你不管理自己的压力，谁来帮你呢？最好的朋友应该像了解自己一样了解你，那么成为自己最好的朋友吧，因为只有自己最了解自己。

度假减压

该放假了，你知道自己要去哪儿吗？去拜访亲戚？和朋友一块开着车长途旅行？从一个景点逛到另一个景点？

如果光是想到放假就让你压力倍增，那就失去度假的意义了。假期是用来放松和恢复精力的，是在日常生活中刻意留出时间让你解脱的。

好好利用你的假期做一次高效的减压活动，可以考虑以下方式：

- **独自远航**。有些人迫切期盼下一次游轮假期，而对有些人来说，跟一船陌生人在一起听起来毫无放松可言，但是现在的航海线路有各种不同的类型。如果你对远洋航行感兴趣，可以咨询一下旅行社。
- **休闲 Spa**。如果你想体会真正的安逸，又不在乎钱，就去找一个世界顶级的休闲度假中心。休闲度假中心非常奢华，提供健康的料理、按摩服务、冥想课程、瑜伽课程、远足项目，还有迷人的风景，应有尽有。
- **体验大自然**。如果大自然令你放松，能帮你恢复精力，就找一处自然胜地度假吧！全世界有那么多不同的自然风景，从加利福尼亚到北道海，从科罗拉多大峡谷到阿尔卑斯山。
- **热带度假**。如果你喜欢在海滩上晒太阳放松，那就去吧！不仅可以在海滩上休息，还可以坐船在海岛之间穿梭，甚至在岛上度假（阿鲁巴岛、巴哈马群岛、夏威夷岛等）。让自己好好享受一下日光浴吧！
- **极限度假**。晒太阳不是你的风格？现在极限度假也越来越流行，包括参与一些极限运动的训练，高空跳伞、空中滑翔、滑翔伞、登山……如果这是你理想的度假方式，那就去吧！高强度的体育项目是练习精神集中的好方式！（注意安全！）
- **待在家里，不告诉任何人**。谁说不工作就得离开家？有时最放松的假期就是不度假，在家待着能让你有时间扫清那些引起压力的琐事，可以比平时多睡一会儿，省下了旅行的花销，还不用奔波、倒时差、换外币、兑旅行支票，也不会遇到语言障碍……不告诉任何人你在家里，将会比任何时候都自在轻松。在家度假，借此机会好好欣赏一下你的家。这也没什么问题呀！

生活压力管理

改善生活，其实只需要清除不必要的压力，然后再去调整不可避免的压力。妥善管理压力可以让今天更加愉悦，可以让几天后、几周后、几个月以后甚至几年以后的生活更加美好。管理生活压力，对压力时刻保持警惕和觉察，减少妨碍你的事情，持续扩大你的潜能，随着生活点点滴滴的变化，一切都会好转起来。

我想再留给你最后 10 条压力管理建议，希望你在余生可以好好利用。你做得到！不要再浪费时间，也不要再因为能量的无端消耗而让最好的自己白白流失，要让自己强大起来，变得精力充沛，要把握自己的人生。

1. **了解自己，了解压力**。花在自己身上的时间总是值得的。你对自己了解得越多，你就越能理解你的压力来源，以及应对方式。

2. **保持关注**。关注你的感受，写下来，追踪观察，你将更加了解压力出现时需要做什么，以及为什么要这样做。

3. **持续建立压力管理网络**。没人可以完全独自完成压力管理，让你的朋友和家人帮助你，你也可以帮助他们。

4. **相信自己**。如果你能克服阻碍，你就能成为内心深处真实的自己。相信自己，哪怕其他人都不相信你。只有你了解自己的真正潜力。

5. **保持洞察**。当情况看似失控时，退一步厘清思路，保持洞察：这意味着什么？我有什么选择？有哪些其他的办法？现在放弃值得吗？

6. **不要担心，保持愉快**！这听起来是老生常谈，但其实是金玉良言。如果你发现自己在担心，那就立即停止，做些让自己开心的事情。这才是良药！

7. **接纳你无法控制的东西**。你可以控制自己的言行，有时候也能控制自己的感受。但你不能控制别人的言行和感受，对生活里的很多事情也没有掌控权。既然如此，那还不如接受它，否则就只是浪费精力。

8. **控制你能掌控的东西**。你不必接受压力带给身体、精神和心灵的负面影响。你不必答应别人要求你的每一件事，你也不必过度操劳，如果你能掌控就想办法掌控。这是你的生活，除了你，没有人可以掌控。现在就开始做自己的主人吧！

9. **去生活，去爱，去笑**。这三样事情都是宝贵的，并且能帮你调节压力。

10. **永远要关爱自己**。你才是值得自己关爱的人。无论你有什么不完美的地方，都应该关爱自己，善待自己。只有关爱自己，才能保证最好的状态以照顾他人。毕竟这些都是相互联系的。

我们每个人都会面对压力，仅此而已。它不会影响你的为人，也不具有其他特殊意义，只不过说明了你也只是个普通人而已。但如果压力给你造成了伤害，你可以制止它。对自己负责，坚持压力管理，保持愉快的心态，你将看到前路一片光明。

祝你一路好运！

压力管理工具参考指南

　　下面是一些压力管理工具、技巧、疗法的参考指南，你可以考虑尝试部分或全部，很快压力就能得到有效管理！

亚历山大技巧（Alexander technique）：亚历山大技巧是一系列的动作指示，练习者在引导下全神贯注地完成各种肢体动作，以达到释放压力的目的。有人说，练习亚历山大技巧使其体态轻盈、行动灵活，并能更好地控制身体。这种技巧在演员和其他艺术表演者中间非常流行。

应用人体运动学（applied kinesiology）：这是一种测试技术，旨在帮助人们发现身体的哪些部位存在失衡或问题。治疗方式包括按摩、活动特定关节、指压治疗、饮食建议、补充维生素和使用草药等。

艺术疗法（art therapy）：在艺术疗法中，你可以使用任何艺术形式表达你的创造力，以达到释放压力的目的。

自信训练（assertiveness training）：自信训练以有效而适当的方式引导你承认和释放内心的压力、怒火、失望、恐惧和悲伤等情感，使你变得直率而果断。

心态调整（attitude adjustment）：消极是一种习惯。调整心态，使自己变得积极，养成这种习惯。你越是习惯于克制自己的消极反应，越是习惯于以客观和积极的情绪来代替消极情绪，你采取消极反应的可能性就会越小。不要将"哦，不要啊"挂在嘴边，不妨保持沉默，抱着等等看的态度。或者肯定地告诉自己："哦……我能从中找到一些积极的东西！"

自生训练（autogenic training）：自生训练使你在不需要催眠师和特定催眠时间的情况下达到催眠的疗效。自生训练需要你采用放松的姿势，对肢体温度和重量进行语言暗示，使你深度放松，释放压力。自生训练已被用来治疗肌肉紧张、哮喘、肠胃疾病、心律不齐、高血压、头痛、甲状腺疾病、焦虑、易怒、倦怠等症状。此外，自生训练还能提高你的抗压能力。

阿育吠陀疗法（ayurveda）：阿育吠陀源自古代印度，是一种通过各种锻炼形式达到长寿、保健、治疗疾病、抵抗衰老等目的的疗法。阿育吠陀疗法可能是至今所知的最古老的保健体系，大约有 5000 多年的悠久历史！更让人不可思议的是，时至今日，阿育吠陀疗法仍被广泛应用。

生物反馈（biofeedback）：这项高科技的放松技巧旨在引导身体直接产生即时的逆转压力反应，帮助控制曾经认为无意识的身体机能。生物反馈使用特殊的仪器测试某些身体参数，比如你的体表温度、心率、呼吸频率、肌肉紧张度等。训练有素的生物反馈咨询师在患者观察仪器示数的时候引导他们训练放松技术。如果心率和呼吸频率有所下降，你就能从仪器示数中看出来。此时，你将感到身体对这些变化的反应。经过几次训练之后，你就能按照自己的意愿降低心率、呼吸频率、肌肉紧张度和体温了。

身体扫描（body scan）：这也是一项放松技巧，在进行系统的身体扫描后有意识地放松紧张部位。

呼吸练习（breathing exercises）：这项练习旨在利用各种呼吸技巧帮助增加体内的氧气和能量，进而改善健康状况，使人放松。

呼吸冥想（breathing meditation）：这种冥想旨在利用各种可控可测的呼吸技巧来帮助身体放松以改善健康状况。

七轮冥想（chakra meditation）：针对身体的七大主轮（能量中心）进行冥想。以冥想的方式打通和激活脉轮可以有效地放松身体，消除压力的负面影响。

有意识调节（conscious moderation）：是指有意识地、适度地消费食物、饮料、金钱等资源，以达到内在和外在的平衡。

创造力疗法（creativity therapy）：在这种疗法中，你将使用创造性的表达方式，比如绘画、写作、诗歌、演奏等，来释放内在的压力感。

跳舞（dance）：无论是参加专业的舞蹈课程（芭蕾舞、爵士舞、踢踏舞、交际舞、摇摆舞、乡村舞、方块舞、爱尔兰舞等），还是在周末和朋友出去跳舞，都是有益于心血管的锻炼方式，而且趣味无穷。

梦境日志（dream journaling）：梦境日志是每天清晨记录你记得的梦境内容，然后定期回顾，找出反复出现的主题。

锻炼（exercise）：锻炼是指移动身体，以达到增进健康、改善情绪、增强力量、提高柔韧性、增强心肺功能、释放多余体能（比如压力反应产生的能量）的目的。

花精疗法（flower remedies）：花精是保存在酒精中的水和完整花朵的混合水溶液。这些溶液中并没有真正的鲜花成分，可是使用者却相信其中包含鲜花精华或鲜花能量，并认为它可以治疗情绪问题。

朋友疗法（friend therapy）：朋友疗法很简单，让朋友帮助你进行压力管理！研究显示，缺乏社交活动和朋友的人往往感到孤独，而且不愿意承认孤独感。孤独可以引起压力，隐藏自己的感受则会导致更大的压力。和朋友分享你的感受将帮助你体验这些感受，然后放下继续前进。

健身俱乐部（gym/health club）：让你在一个地方能拥有多种健身选择。

重塑习惯（habit restructuring）：重塑习惯包括有意识地戒除和改变对身体及思想有消极影响的习惯。

草药疗法（herbal medicine）：草药疗法旨在改善身体的健康状况和提高抗压能力。你要在经验丰富的资深草药师的指导下小心实施。

顺势疗法（homeopathy）：顺势疗法旨在改善健康状况和提高抗压能力。顺势疗法的药物是通过将治疗特殊病症的物质进行高度稀释后所得。

催眠（hypnosis）：催眠是指在深度放松的情况下利用视觉想象进行的一种系统化的过程。在你处于催眠状态的时候，意识是清醒的，可身体却极度放松，无法移动。你的意识将变得狭隘，思维也将变得简单。此时，你比清醒的时候更容易接受各种暗示。正是这种对暗示的吸纳使催眠具有缓解压力、纠正不良行为的效果。

意象冥想（imagery meditation）：这个冥想技巧帮助你想象自己置身于别的地方和不同的环境中，以达到放松的目的。

日志记录（journaling）：记录日志是释放压力感的方法之一。

生活管理技巧（lifestyle management techniques）：涉及改善和简化日常生活的各种技巧，包括简单化、消除混乱、条理化、时间管理、情感管理、家庭动力学、自我改进等。

光线疗法（light therapy）：这是针对季节性情绪失调（SAD）的治疗方法，让皮肤长时间地暴露在完整的光谱之下，以达到改善情绪和减轻抑郁症状的目的。

曼陀罗冥想（mandala meditation）：来自藏族文化的一种典型方式，冥想时的关注焦点是曼陀罗（一种圆形图案，可以简单，也可以华丽），这种设计将吸引你的视线聚焦于图案的中心，同时也使思想集中在中心位置。

持咒冥想（mantra meditation）：任何集中精神时反复吟诵某个声音的冥想都属于这个范畴。有些人认为持咒的声音具有特殊的能量，也有人认为持咒冥想的关键是重复本身，任何声音都可以使用。

按摩疗法（massage therapy）：使用各种按摩技巧，以达到放松肌肉和消除体能淤积的目的。

冥想（meditation）：通过集中注意力来控制随意游走的思绪，帮助放松。

正念冥想（mindfulness meditation）：这种冥想形式要求练习者保持警觉和高度觉察的状态。正念冥想和别的冥想形式的区别在于前者可以在任何地点和任何时间使用，无论你在做什么，都可以练习。正念非常简单，就是高度关注目前的状况。正念和别的冥想本质相同，却可以在走路、跑步、打篮球、开车、学习、写作、阅读、进食的时候练习。无论你在做什么，都可以留心你所做的一切。

营养（nutrition）：你应该适量摄入各种各样新鲜、自然的食物，以达到增进健康和提高抗压能力的目的。

乐观主义疗法（optimism therapy）：你觉得自己是顽固的悲观主义者吗？乐观主义疗法类似于心度调整。强调有目的地培养乐观的反应方式。研究显示，和悲观主义者相比，乐观主义者的整体健康状态较好，免疫系统功能更完善，外伤恢复速度更快，寿命也更长。

疼痛聚焦（pain centering）：这是一种疼痛管理技巧，排除疼痛带来的痛苦和所有消极联系，关注疼痛本身。

淡然态度（passive attitude）：保持淡然的态度是处理压力的好方法。以"哦，好吧"的态度面对自己无法控制的压力事件，可以让你放开压力感。

普拉提（pilates）：在垫子或特殊仪器上进行的核心力量训练，重在锻炼腹部和背部的肌肉。

极性治疗（polarity therapy）：极性治疗与灵气有些类似，两者都强调放松和平衡体内的能量。极性治疗更像是东西方疗法的结合，包括按摩、饮食建议、特定的瑜伽练习、心理咨询等。

调息法（pranayama）：调息法包括各种特殊的瑜伽呼吸技巧。

祈祷（prayer）：祈祷包括高度集中的交流、意愿的表达，以及你与"神明"（无论对你来说"神明"是什么）之间开放的沟通渠道。祈祷词可以是请求、感恩、尊崇，也可以是对神灵的赞美，或者是对宇宙的感激。祈祷可以直接激发生命和宇宙的力量。各种各样的文化传统中有不同的祈祷模式和祈祷内容。你希望祈祷对你的意义是什么，它的意义就是什么。

反射疗法（reflexology）：反射疗法与指压疗法有点相似，可是反射疗法的治疗点集中在手部和脚部。反射疗法认为整个身体，包括所有的部位、器官和腺体，在双手和双脚上都有对应的位置，对这些位置进行按摩有助于缓解对应部位的疾病。知道这些对应关系之后，就可以自己按摩手部和脚部的适当位置了。

放松技巧（relaxation techniques）：包括任何形式的放松身体和思想的技巧。

自我奖励疗法（reward-based self-training）：选择自己希望建立的习惯，对自己的进步和成功给予奖励，而不是因为过失和失败惩罚自己。

罗尔芬按摩疗法（Rolfing）：罗尔芬按摩疗法是一种深度按摩法，旨在重塑全身的肌肉和结缔组织，以达到改善形体的目的。如果你喜欢力度较大的按摩，那这是个不错的选择。有些人觉得深度组织按摩能够释放内心深处的情绪，因此在1个疗程（通常为10个课时）中出现情绪爆发是相对常见的。

自我关爱（self-care）：你应该有意识并且经常性地关心自己，注意自己在生理、情感、精神等方面的需求。

维持自尊（self-esteem maintenance）：你应该有意识地维持和保护自尊，以达到改善身心健康状况和提升表现的目的。

自我催眠（self-hypnosis）：使自己进入催眠状态以实现特定目标和遏制消极行为。

自我按摩（self-massage）：如果你对指压疗法、瑞典式按摩、反射疗法等技巧有所了解，就可以进行自我按摩了。你可以按摩自己的颈部、头皮、脸部、双手、双脚、大腿、手臂和躯体。很多瑜伽姿势也会产生内外部按摩的效果：以特定的方式逆向弯曲身体有内部按摩的功效，借助地板按压特定的身体部位有外部按摩的功效。

大休息式（shavasana）：大休息式是一种瑜伽体式，旨在彻底放松身体。

指压按摩和针灸疗法（shiatsu and acupressure）："shiatsu"是"指压"的日语发音。指压是一种古老的按摩方法，现在依然流行。按摩的时候用手指、手掌、肘部和膝盖按压特定的身体部位。

睡眠（sleep）：大多数成年人每天需要八小时甚至更多的睡眠时间。保持充足的睡眠是培养压力管理能力的重要步骤。

瑞典式按摩（swedish massage）：瑞典式按摩是一种常见的按摩方法。按摩师将按摩油涂抹在顾客身上，采用特殊的按摩手法，包括轻抚法、揉捏法、摩擦法和叩抚法，以达到增进肌肉和结缔组织的血液循环的目的，同时帮助身体排泄废物，愈合伤口。

游泳（swimming）：对于关节不能承受太多压力、超重且刚刚开始锻炼，或者喜欢水中运动的人而言，游泳是非常好的减压方式。

太极和气功（tai chi/chi kung）：太极和气功是中国古代道家的武术形式，包括一系列缓慢优雅的动作，配合呼吸的节奏，释放体内的能量并使之在全身流动，融合思想和身体，改善健康，放松身心。太极有时候被称为"动态的冥想"。气功包括特定的动作和姿势，以及其他保健方式，比如按摩、打坐等，以达到维持和改善健康以平衡体能（在中国称之为"气"）的目的。

团队运动（team sports）：对喜欢参加团体活动和容易受到别人鼓舞的人来说，团队运动是同时实现锻炼和社交的好方法。

思维暂停（thought stopping）：旨在锻炼及时注意到有害思维并有意识地加以制止的能力，然后引导思维转向积极的方面。

视觉想象（visualization）：想象你需要的东西，或者希望看到的变化，旨在建立思想上的意识，帮助自己实现这些变化。

维生素和矿物质疗法（vitamin/mineral therapy）：这种疗法是服

用维生素和矿物质，保证营养供给，以达到改善健康状况和提高抗压能力的目的。

行禅（walking meditation）：走路时练习的冥想方式。

散步（walking）：散步适合任何健康状况的人，可以改善心情，缓解压力引起的各种情绪，改善健康状况。

水（water）：为了维持身体的水分充足和正常运作，每天必须喝1800～2300毫升的水。

举重（weightlifting）：举重对任何成年人都有益处。举重可以增强骨骼，治疗骨质疏松症，改善肌肉协调度，使身体消耗更多的热量。因为肌肉越多，运动时消耗的热量就越多。

控制担忧（worry control）：及时意识到过度担忧，并将能量引向积极方面。

瑜伽（yoga）：瑜伽是来自古印度的锻炼方法，通过特殊的姿势、呼吸和冥想达到身心相连的目的。

瑜伽冥想（yoga meditation）：这种冥想方法帮助练习者意识到自己和宇宙的高度融合，达到纯粹愉快的入定状态。

打坐（zazen）：打坐属于禅宗佛教的坐禅冥想，很多"参禅者"并不礼佛，但他们会练习打坐。打坐就是坐着，不需要你皈依任何宗教或者是哲学流派，只需要你坐得住。经常锻炼之后，仅仅坐着就能实现精神自律，获得较强的压力管理能力。

理 性 生 活

理性情绪
作者：(美)阿尔伯特·埃利斯　ISBN: 978-7-111-47501-9

控制焦虑
作者：(美)阿尔伯特·埃利斯　ISBN: 978-7-111-45081-8

控制愤怒
作者：(美)阿尔伯特·埃利斯　ISBN: 978-7-111--44877-8

我的情绪为何总被他人左右
作者：(美)阿尔伯特·埃利斯　ISBN: 978-7-111-51550-0

拆除你的情绪地雷
作者：(美)阿尔伯特·埃利斯　ISBN: 978-7-111-54766-2

无条件接纳自己
作者：(美)阿尔伯特·埃利斯　ISBN: 978-7-111-56086-9

正念 · 积极 · 幸福